U0137700

# 中国现代性伦理话语

付长珍◎著

华东师范大学出版社

·上海·

**图书在版编目（CIP）数据**

中国现代性伦理话语/付长珍著. —上海：华东师范大学出版社,2023
ISBN 978－7－5760－4209－2

Ⅰ.①中… Ⅱ.①付… Ⅲ.①伦理学－研究－中国－现代 Ⅳ.①B82－052

中国国家版本馆 CIP 数据核字（2023）第 184957 号

# 中国现代性伦理话语

著　　者　付长珍
责任编辑　朱华华
特约审读　李杨洁
责任校对　王丽平　时东明
装帧设计　郝　钰

出版发行　华东师范大学出版社
社　　址　上海市中山北路 3663 号　邮编 200062
网　　址　www.ecnupress.com.cn
电　　话　021－60821666　行政传真 021－62572105
客服电话　021－62865537　门市(邮购)电话 021－62869887
地　　址　上海市中山北路 3663 号华东师范大学校内先锋路口
网　　店　http://hdsdcbs.tmall.com

印 刷 者　上海中华商务联合印刷有限公司
开　　本　890 毫米×1240 毫米　1/32
印　　张　8.5
字　　数　227 千字
版　　次　2023 年 10 月第 1 版
印　　次　2023 年 10 月第 1 次
书　　号　ISBN 978－7－5760－4209－2
定　　价　68.00 元

出 版 人　王　焰

（如发现本版图书有印订质量问题,请寄回本社客服中心调换或电话 021－62865537 联系）

# 目 录

# 导论　中国伦理学如何"再出场"？

　　创建具有中国气派和世界影响力的中国特色哲学社会科学话语，已是时代的当务之急。作为一门古老而青春的学问，中国伦理学有着悠久丰厚的文化传统和话语资源，曾经支撑起"道德中国"的伦理大厦，建构了中国人独特的精神世界，奠定了建设中华民族现代文明的思想根基。在全球一体化和世界哲学的视域下，中国伦理学如何"再出场"，不仅是一个学科学术问题，更是一个时代精神的灵魂之问。这是一个关涉中国伦理学转型与创新的全局性问题。既要凸显长时段的历史意识，又需要在中西伦理学的互参互鉴下展开，逻辑地关联着对以下问题的追问：什么是"中国伦理学"？如何再写中国伦理学？这就需要对中国伦理学的现代转型做出新的理解和定位，厘清核心问题意识，在同情地理解和批判性反思的基础上进行创造性重建。建构起面向未来的当代中国伦理话语体系，则需要在世界性百家争鸣的舞台上，从理论建构和方法论反省等层面做出系统检视与反思。

## 一、引言：走向世界的中国伦理学

　　虽然中国是有着悠长道德文明与伦理智慧传统的国度，但像黑格尔等西方哲学家都曾否认存在"中国哲学"这一理论形态。20世纪上半叶的中国哲学家，则一直试图从世界哲学的视野中来思考中国哲学伦理学的现代转型。对此，可以从两位冯先生开始讲起。

第一位是冯友兰先生。他的一生创作了《中国哲学史》《中国哲学史新编》等一系列具有标杆性的中国哲学史著作。冯友兰认为，走向世界的中国哲学，担负着"阐旧邦以辅新命"的重任。"第一阶段的精神领袖们基本上只有兴趣以旧释新，而我们现在则也有兴趣以新释旧；第二阶段的精神领袖们只有兴趣指出东西方的不同，而我们现在则有兴趣看出东西方的不同。"[①] 冯友兰自觉考察古今之变和东西之别，在古今中西之争的比较视域内，开启现代中国哲学的世界化前景。

第二位则是冯契先生。早在 1989 年出版的《中国近代哲学的革命进程》一书的"小结"中，冯契就已提出，"我们正面临着世界性的百家争鸣"[②]。"中西文化、中西哲学在中国这块土地上已开始汇合（当然仅仅是开始）"[③]，而"如何使中国哲学能发扬其传统的民族特色，并会通中外而使之成为世界哲学的重要组成部分，作出无愧于先哲的贡献，这是当代海内外许多中国学者在共同考虑的重大问题"[④]。此外，冯先生在晚年还提出了另一个猜想："下一代人将是富于批判精神的"，他对未来的走向曾做过这样的预判：

[①] 1934 年，在第八届世界哲学会上，冯友兰做了题为"哲学在现代中国"的学术报告，这是在报告的结尾处发出的倡言。参见冯友兰：《哲学在当代中国》，《三松堂全集》第 11 卷，郑州：河南人民出版社，2000 年，第 269 页。

[②] 冯契：《中国近代哲学的革命进程》，《冯契文集（增订版）》第七卷，上海：华东师范大学出版社，2016 年，第 652 页。

[③] 冯契：《中国近代哲学的革命进程》，《冯契文集（增订版）》第七卷，上海：华东师范大学出版社，2016 年，第 652 页。

[④] 冯契：《〈马克思恩格斯同时代的西方哲学——以问题为中心的断代哲学史〉序》，见《智慧的探索》，《冯契文集（增订版）》第八卷，上海：华东师范大学出版社，2016 年，第 527 页。

"到世纪之交，时代意识的特点将是什么呢？大概还不能期望很高，能够像王充那样'疾虚妄'，从多方面来作深入的自我批判，那就很好了，那就说明我们的民族是很有希望的。"① 在冯契看来，只有经过系统的反思的时代，才可能是"真正达到'会通以求超胜'的时代"②。

冯契晚年的这两个猜想，如今在中国大地上正在成为现实。当代西方著名伦理学家迈克尔·斯洛特在《重启世界哲学的宣言：中国哲学的意义》一文中指出：中国在未来几十年的学术影响力，可能会有效地帮助我们成功地开启世界哲学的新方向。③ 自徐光启提出"欲求超胜，必先会通"至今已经四百多年，中西会通已经成为不争的事实，我们当前所面临的任务就是如何走出古今中西之争的藩篱，重建一个当代中国自主的伦理学。

## 二、 何谓"中国伦理学"？

中国古代哲学中并没有"伦理学"这个语词，伦理学概念最早出现在中国，应该追溯到严复以《天演论》为名翻译的赫胥黎的 *Evolution and Ethics* 一书。此后，中国思想界开始有意识地传译西方伦理学经典，以新知附益旧学，努力尝试建立中国伦理学的学科体系，用现代伦理学的理论范式对中国自身的思想文化进行新的解读与诠释。

---

① 冯契：《哲学演讲录·哲学通信》，《冯契文集（增订版）》第十卷，上海：华东师范大学出版社，2016 年，第 318 页。
② 冯契：《哲学演讲录·哲学通信》，《冯契文集（增订版）》第十卷，上海：华东师范大学出版社，2016 年，第 318 页。
③ ［美］迈克尔·斯洛特：《重启世界哲学的宣言：中国哲学的意义》，刘建芳、刘梁剑译，《学术月刊》2015 年第 5 期，第 36 页。

厘清作为学科形态的中国伦理学，是建构中国伦理学学术体系的基础性工作。当代中国伦理学学术形态的建构①，大致经历了从"述"（narrating）到"说"（talking）再到"做"（doing）这三种范式的转型。"述"与"说"主要还是古今中西伦理思想的梳理与比较，而"做"更多是有意识地超越比较，注重建构中国自身的伦理学。到底有没有一个中国伦理学？如何再写中国伦理学？高兆明认为，"中国伦理学"是一文化特殊性概念，它立足中华民族的生活世界，以中华民族的运思和认知方式，用中华民族的语言概念，围绕普遍问题，提示普遍之理。② 我们所探讨的中国伦理学，不仅是一种地方性、本土性的知识文明，而且具有世界性、共通性的人类价值意义。

所谓中国伦理学，首先是伦理学的中国故事、中国叙事，不能囿于模仿或回应西方伦理学的思想方式与问题关怀，而是重在诠释自己的伦理文化内涵，论述自己的历史文化经验，回应现实对伦理学提出的新问题、新挑战。中国伦理学要走向世界，需要与多元文明形态和思想传统对话，那种过于历史化的、民族性的论述，如何进一步提升为哲学化、理论化的形态，这就需要将中国伦理学中原有的范畴、概念进一步清晰化，将原有的分析论证更加精细化。如何既能保持中国思想传统的特质，又能赋予它清晰的思想边界？由此，在前哲时贤创造性工作的基础上，笔者尝试提出一种"做中国

---

① 这里的中国伦理学，译成英文是 Chinese ethics，不同于 Ethics in China & Ethics of China，其中的差别类似于中国哲学、中国的哲学与中国底哲学，或者道德的形上学和道德底形上学之间的区分。

② 高兆明：《伦理学与话语体系——如何再写"中国伦理学"》，《华东师范大学学报（哲学社会科学版）》2018年第1期，第9页。

伦理学"的诠释进路。①

### 三、 伦理话语形态谱系

做中国伦理学既要扎根中国的思想传统，又要扎根现代生活，这就要求打通观念世界和生活世界，这才是促成中国伦理思想创发的"源头活水"。中国伦理学走向世界，需要用新的理论和问题框架对传统伦理话语进行新的理解和呈现，并在当代伦理学的理论光谱中对此加以新的阐发，这就需要有方法论的自觉。如何打通观念世界与生活世界，历史世界与现实世界？检视以往的中国伦理学研究，一种倾向是执着于哲学史的叙事，而缺乏对理论建构的反省；另一种倾向是过于注重抽象的、观念的、思辨的建构，而脱离了具体的历史文化语境。这两种做法都不同程度地遮蔽了中国伦理思想的特质和现代生命力。近年来，深耕中国哲学的研究者们，借用西方伦理学理论，依托中国传统伦理的深厚资源，尝试进行了多种形态的范式构建，其中包括以儒家生生伦理学和"仁本体"为代表的生生范式、以体知为中心的身体范式、以情感儒学和情本体为代表的情感范式，等等。

---

① 围绕中国伦理学的重建，早在 1990 年，万俊人就发表了《论中国伦理学之重建》（载《北京大学学报（哲学社会科学版）》1990 年第 1 期）一文，特别指出中国伦理学重建的全新视角至少包括十个方面。2019 年，樊浩在《中国伦理学研究如何迈入"不惑"之境》（载《东南大学学报（社会科学版）》2019 年第 1 期）一文中，提出了三个前沿性的追问："道德哲学"如何"成哲学"？"伦理学"如何"有伦理"？"中国伦理"如何"是中国"？朱贻庭的《"伦理"与"道德"之辨——关于"再写中国伦理学"的一点思考》一文（载《华东师范大学学报（哲学社会科学版）》2018 年第 1 期），从伦理与道德的关系这一伦理学的元问题出发，是对如何讲清楚中国伦理学所做的方法论探索。

20 世纪下半叶，真正建立了原创性哲学体系的哲学家，如牟宗三、冯契、李泽厚都是以康德哲学为间架来重构中国现代伦理学的实践智慧形态，即牟宗三的重建道德形上学进路，冯契的扩展认识论进路，以及李泽厚的重建本体论进路。这三种典型的路向，实际上擘画了中国伦理学再出场的三种方式。

牟宗三志在接续中国文化生命，光大民族文化发展的慧命。"反省中华民族的文化生命，以重开中国哲学的途径"①，进而开掘中国哲学与儒学特质，展示生命之学面向，阐发主体性与道德性、本体与工夫融合的进路。冯契聚焦知识与智慧的关系问题，提出了奠基于广义认识论的"智慧说"理论体系，将理想人格如何培养作为认识论问题进行考察，提出了一个具有本体论意义的自由个性，是真善美与知情意统一的全面发展的人格。

李泽厚不仅对中国传统伦理学有独到思考，而且提出了富有启发性和前瞻性的新思路。李泽厚所讲的情本体进路，是一种世界眼光、人类的视角，而不是一种单纯的中国视角，但他又是不离开中国传统来看世界。他接着康德的哲学三问，提出"人是什么？人活着，如何活，为什么活，活着怎样？"的问题。康德哲学是其伦理思想的重要参照，他特别强调理性是主力、情感是助力，并希望能够找到一个更加紧密的情理结构，这种情理结构也是李泽厚建构中国伦理学的支点所在。"在我的思考和文章中，尽管不一定都直接说出，但实际占据核心地位的，大概是所谓'转换性创造'的问题。这也就是有关中国如何能走出一条自己的现代化道路的问题，在经济上、政治上，也在文化上。以中国如此庞大的国家和如此庞

---

① 蔡仁厚：《孔子的生命境界：儒学的反思与开展》，长春：吉林出版集团，2010年，第 180 页。

大的人口，如果真能走出一条既非过去的社会主义也非今日资本主义的发展新路，其价值和意义将无可估量，将是对人类的最大贡献。……中国人文领域内的某些知识分子应该有责任想想这个问题。"① 李泽厚在这里所呼唤的就是一种既具有中国特色、又具有世界普遍意义的中国伦理学。冯友兰、金岳霖、冯契着力探讨的是一种走向世界的中国哲学范式，李泽厚所要追问的是能否有一个中国伦理学。他们的核心关注都是"中国能否走出自己的现代化道路"，可以说是从学理上对中国式现代化的一种哲学解释。

　　李泽厚所探究的中国伦理学出场方式，强调"中国传统的优长待传和缺失待补，以及如何传、如何补"，正是"'转化性创造'的关键"。② 与"创造性转化"不同，李泽厚特别强调的是"转化性创造"。在他看来"中国哲学是'生存的智慧'（如'度'的艺术），西方哲学是'思辨的智慧'（如 being 的追寻）。中西哲学各有优长和缺失，十多亿人口和五千年未断的历史是前者的见证，迅猛发展的高科技和现代自由生活是后者的见证，各有优长和缺失"。③ 中国伦理学的再出场，需要容纳中国的生存智慧和西方的思辨智慧。如何"优长待传"和"缺失待补"，李泽厚的论述具有方法论的指引意义。李泽厚在《伦理学纲要》中强调，要"以孔老夫子来消化Kant、Marx 和 Heidegger，并希望这个方向对人类未来有所献益。

---

① 李泽厚：《伦理学纲要续篇》，北京：生活·读书·新知三联书店，2017 年，第144 页。
② 李泽厚：《伦理学纲要》，《人类学历史本体论》，青岛：青岛出版社，2016 年，第17 页。
③ 李泽厚：《伦理学纲要》，《人类学历史本体论》，青岛：青岛出版社，2016 年，第17 页。

作为中国传统哲学主干的伦理学，应于此有所贡献"①，点明了中国伦理学的发展前景。李泽厚的中国伦理学建构方案，正是建立在以情本论为基础的人类学历史本体论之上，并做了以下展开：第一，对伦理与道德做出明确区分；第二，将道德划分为宗教性道德和社会性道德；第三，提出道德结构三要素说，即意志、情感、观念。以"和谐高于正义"作为中国伦理学的建设目标②，进而提出中华民族的生存智慧才是今日哲学最重要的依据。如何基于中华民族的生存智慧和当代社会生活，重建当代中国伦理学的学术形态、理论形态和观念形态，需要在世界哲学的视域下，引入新的思想资源和理论参照。近年来，斯洛特对中国古老的阴阳概念进行了创造性解读，将阴阳结构运用于西方认识论、伦理学、认知科学与心灵哲学，为沟通中西伦理传统提供了一个可资借鉴的范例。斯洛特指出，重启世界哲学之键，需要格外重视中国哲学的意义，重视对中国哲学中"心"概念的创造性抉发。③ 基于对西方启蒙理性的反思，斯洛特批评现代性启蒙过度张扬了人的自主性和理性控制性，严重忽视了启蒙价值的接应性（receptivity）维度，重视接应性即阴阳和谐的价值结构，恰恰是中国哲学对世界哲学和人类文明的独特贡献。

建构面向未来的中国伦理学，需要理论形态的反省、方法论的自觉以及对时代的回应。唯有此才能使中国伦理学的建构兼具哲学

---

① 李泽厚：《伦理学纲要》，《人类学历史本体论》，青岛：青岛出版社，2016 年，第 17 页。
② 付长珍：《化解市场时代的道德危机，李泽厚可能看得比桑德尔更远》，载《文汇报》2014 年 7 月 3 日。
③ ［美］迈克尔·斯洛特：《重启世界哲学的宣言：中国哲学的意义》，刘建芳、刘梁剑译，《学术月刊》2015 年第 5 期，第 36 页。

性、中国性以及人类普遍意义。如果沿着儒家伦理学中情感资源的路向开掘，情感主义德性知识论将是一个富有前景的前沿领域。当代知识论的德性转向与美德伦理学的知识转向相生相成，借此路向来讨论未来中国伦理学的再出场问题，不仅可以更好地容纳历史的、理论的、实践的诉求，而且可以更好地面向未来，尤其是面对新兴科技对伦理学提出的挑战。

面向未来的中国伦理学构想，事实上提出了一种做中国伦理学的可能性，需要建立在对当下中国伦理学的整体判断与反省之上。面向未来的中国伦理学，大致上有三个方面的诉求：第一，穿越历史丛林，摆脱述而不作的哲学史叙事。哲学史梳理是推陈出新的必要环节，但不能陷于其中的繁缛末节，丧失了哲学的批判反省意识。第二，超越现代道德哲学，避免过度理论化的陷阱。关于如何超越现代道德哲学的局限，安斯康姆、麦金泰尔和威廉斯已有深刻洞察。"眼下的道德哲学，尤其是（但不仅仅是）在英语世界，已经给道德性以某种过于狭窄的关注。……这种道德哲学倾向于把注意力集中到怎么样做是正确的而不是怎么样生存是善的，集中到界定责任的内容而不是善良生活的本性上。"[①] 现代道德哲学关注"如何行动是正确的"而越来越远离了对良善生活的追寻。也正是在这个意义上，威廉斯批评说道德是一种"奇特建制"[②]。第三，真正可行的未来伦理学的建构方式，就是要基于历史性、地域性的伦理知识向普遍化、哲学性的伦理学的提升。伦理学要回应现代社会的高度不确定性和高风险性，需要构建一种新的伦理知识范型，

---

① ［加拿大］泰勒：《自我的根源》，韩震等译，南京：译林出版社，2012 年，第9 页。

② ［英］B. 威廉斯：《伦理学与哲学的限度》，陈嘉映译，北京：商务印书馆，2017年，第 209 页。

回归伦理学的实践智慧之道。儒家伦理学蕴藏着丰厚的伦理知识资源，正是中华民族对人类文明的独特贡献。因此，不能仅仅在二级学科的意义上来理解伦理学的本质属性，应该重新扩展伦理学的定义和使命，走向一种扎根中国大地的伦理学。我们要建构一种打通伦理学知识和生活世界的关联、回归伦理学的实践智慧之道，重建中国伦理学的知识体系，从而真正证成可以有一个中国伦理学。

伦理学在当今已成显学，来自社会生活的现实挑战与理论诉求，使其天然具有跨学科乃至超学科的面向。当代中国伦理学的转型创新，需要不断超越古今中西之争的藩篱，以时代和问题为导向，面向生活世界和人类未来。《人类简史》的作者历史学家尤瓦尔·赫拉利曾指出，我们不仅仅在经历技术上的危机，我们也在经历哲学的危机。现代世界是建立在 17—18 世纪的关于人类能动性和个人自由意志等理念上的，但这些概念正在面临前所未有的挑战，意味着原有的伦理学框架需要做出颠覆性调整。第四次工业革命和信息文明带给我们空前的机遇与全新的遭遇，应用伦理学的勃兴是伦理学范式转型的革命性变迁，伦理学不应是困在书斋里的学问，在回应新的时代问题以及人类新际遇带来的新挑战时，伦理学研究需要多向度地开掘中国传统伦理智慧。

未来的中国伦理学，必须从自身固有的问题意识出发，实现自我更新和自我转化。"本立而道生"，只有从自身思想传统中"长"出来，中国伦理学的主体性才不会迷失。重思中国伦理学如何再出场的问题，就是自觉反思中国伦理学的话语建构，如何既回应人类生存的新际遇又扎根中国自身伦理传统，更好地服务于中国式现代化和人类文明新形态建构。中西伦理传统的深度互动，给我们提出了一个新问题——如何在全球一体化的世界哲学中，更好地挺立中国伦理学的主体性，重建中国人的生活世界和精神家园。一致百虑，殊途同归，中国伦理学与世界哲学相互融通，共生共荣。

## 四、 总体思路与研究框架

本书的总体思路是：中国现代伦理话语路向的探究，必须在充分考虑现代性的条件下，吸收西方伦理学优秀成果，针对当代中国的现实处境，挖掘和重新诠释中国伦理学的核心价值观念，建构一套既有传统支撑，又有现实关切，既有理论深度，又有应用前景的理论话语。首先，伦理学话语体系的建构，必须充分体现"中国性"。这就需要回到中国伦理学的"本根"，深入考察百年中国伦理学话语体系建构的历史进程与时代诉求。其次，基于对中国式现代化图景中的伦理学话语建构路向的检视，在知其然的基础上揭示其"所以然"的根由和机理，探析伦理学话语体系的论域之基，即伦理学为何是实践之学；伦理学知识的获得为何来源于实践；伦理学的践行为何依赖于实践。以此为基础，探寻为何实践智慧可以回应我们应当成为什么样的人；我们应当如何行动才能过一种好的生活，等等。最后，以观念史、话语分析为进路，结合知识考古学和谱系学的经验路径，勘察现代性道德知识地图和伦理思想状貌。在马克思主义实践观、中国智慧学说与现代西方伦理学的互相碰撞中，在重访"道德中国"的现代性之旅中，探索伦理学话语体系建构的动因机制、历史经验和未来方向。

中国当代伦理学话语体系的建构，必须立足于中国特色社会主义实践建设之原，延续和发展中国悠久的伦理文化命脉，充分认识和总结百年来中国伦理学现代性转型的既济与未济，同时借鉴西方伦理学知识体系建构的理论资源，并在此基础上推陈出新。

本书的重点内容和研究框架是：

以德性、情感、劳动等关键概念为中心，以观念史研究为进路，围绕伦理秩序逻辑、个体伦理发育、情感伦理面向、德性人格话语、劳动伦理变迁等问题维度，深入探察中国现代社会转型中的价值观变革与伦理话语形态更迭，进而做出"明变、求因和评估"。

① 百年中国伦理学话语形态研究。通过对百年来中国伦理学话语体系进行类型学研究，辨识出主要的知识形态（包括道德的社会批判学说，面向伦理学基本问题的元理论沉思，面向现代生活世界、反映现代社会基本价值观念的伦理学建构，理论与实践兼顾的中国马克思主义伦理学等），刻画它们的不同特征，描述它们之间的逻辑关系与历史演变关系，考察其不足，思考其出路。

② 伦理观念变迁研究。百年来，中国现当代伦理学话语体系是在古今中西话语激荡、伦理学理论与实践及生活世界的互动的背景下形成的，有其独特的内涵，以及建构这种独特内涵的运思方式、认知方式和叙事方式，并且有其自身特有的一套范畴、概念、观念的话语符号系统。这需要我们进行深入的专题考察，以揭示中国现代伦理话语体系建构的历史成因、思想资源和实践源头，梳理百年来伦理思想家的经验与教训，探讨中国伦理话语建设路径。

③ 伦理话语与现代价值观变革。中国伦理学话语体系的百年嬗变，其实质内容之一便是伦理价值观的百年变迁。我们将考察从新文化运动前后的伦理革命到社会主义革命和建设中的马克思主义伦理，再到改革开放之后的新时代伦理的历史变迁，观察伦理学理论与实践及生活世界之间如何互动，关注群己之辨、理欲之辨、私德与公德之辨、传统与现代之辨等重要论题如何折射伦理价值观的百年变迁。我们将厘清百年来中国伦理价值观变迁的历史过程，探索百年来中国伦理价值观变迁的内在逻辑，进而揭示伦理价值观发

展的一般规律。

④ 伦理学话语个案研究。鉴于冯契、李泽厚伦理学在百年中国伦理学话语体系中的典范意义与理论生发性，本书把它们单列出来，展开专门的个案研究。在冯契那里，考察"智慧说"如何通过中西马融通开创当代中国伦理学话语体系，如何自觉吸收转化中国传统伦理学的优胜之处，如何在洞察中国近代伦理学之既济与未济的基础上自觉接续中国当代传统往下说，如何在自觉参与世界性百家争鸣的过程中推进中国当代伦理学体系建构，贡献出诸如德性自证、自由劳动、平民化自由人格等具有中国气派与当代性的伦理话语。在李泽厚那里，我们将考察"情本体"等原始之思如何有助于中国伦理学的当代建构，如何抉发情感这一曾被西方现代道德哲学忽视的人性能力的深刻意蕴，与道德情感主义等世界伦理学当代思潮展开建设性对话。

中国现代性伦理话语探究，需要从理论与方法（伦理学的做法）两个层面描述其特点，察其洞见（既济），检其盲点（未济），思索如何下一转语，指明当代重建的用力方向，为建构具有当代性和中国气派的伦理学话语提供历史借鉴与理论思考。

# 第一章

## 百年中国伦理话语的
## 现代性转型

中国伦理学以其深沉的实践智慧诠释着人类文明进步的方向，伦理学已成为21世纪的"显学"。中国伦理话语体系建设不仅关涉当代中国伦理学的转型与创新，而且是彰显中国文明价值的重要标识。对于中国伦理学的发展而言，伦理学话语体系的转型创新可以促使其获得更多的未来话语权和解释力，更好地参与到世界性百家争鸣之中。重构中国现代伦理话语形态和知识体系，不仅是新时代理论创新精神的呼唤，也是学术自我发展的内在要求。

中国古代文化传统中有丰厚的道德学说，并且形成了以儒家思想为主体的伦理文化形态。然而，由于中国传统伦理文化缺少实现自我转型的强大内驱力，在近代中国内忧外患的双重危机下，中国传统伦理学被迫开始了艰难的现代性蜕变。在古今中西之争的激荡与回应中，现代学术意义上的伦理学学科才得以在中国确立并逐步发展起来。当代伦理学话语体系的建构正是针对现代学科意义上的伦理学而言的，同时也体现了当代社会对伦理学发展的要求。在这种意义上，中国现代伦理学的建构与发展状况正是当下我们重思中国伦理学话语建构的历史依据和学理基础。

在会通中西的基础上，创建一个具有中国气派的现代伦理学体系，一直是中国数代学人内在的冲动。从刘师培、蔡元培到当代中国学人，立时代潮头，发风气之先，做出了无愧于时代的艰难学术探索，取得了巨大成就，对中国现代伦理学知识体系的建构具有奠基性意义。中国现代伦理学大致经历了三个发展阶段：19世纪末至1949年新中国成立，是中国现代伦理学发展的奠基时期；新中国成立后至改革开放前，是社会主义伦理学体系的初创阶段；改革开放后，中国伦理学进入到多元伦理观的争鸣发展阶段。百年中国伦理话语经历了从"革命话语"到"建设话语"再到"改革话语"的转变，伦理学学说经历了从"新道德论"到"道德革命说"到"道德科学说"再到"社会主义新道德体系说"的历史转变。在每一个阶段，中国现代伦理学在伦理学学科建设、伦理学学术发展、社会道德实践方面都展现出不同的特征，并且涌现出丰富的理论成果，这些都构成了广义的伦理学话语体系的一部分。

## 第一节　中国现代伦理学的发轫

中国古代并无伦理学之称，现代"伦理学"概念的诞生一般认为源于严复所译赫胥黎的《进化论与伦理学》。现代伦理学话语建构可以从学科范式与学说内涵两重意义上展开，深刻体现了历史与逻辑相统一的辩证互动精神。

### 一、　现代学科意义上的伦理学身份认同

近代早期对伦理学学科的认知仍以传统的修身教育为主。在清末的新式学堂中已开设有专门的伦理学课程，是以"力行""修身"为主的学科。[①] 20 世纪初，伦理学应以学理研究、知识建构为主旨逐渐成为共识。刘师培最早指出了现代伦理学学科应该是以学理为主，他于 1906 年编著的《伦理教科书》是中国历史上第一本体系化的伦理教科书，其中就明确指出中国传统伦理思想与哲学、政治学、教育学混在一起，学科的范围和特征并不明确，而且存在重实

---

① 1902 年的《钦定高等学堂章程》中，将"伦理"一科的教学宗旨确定为"考求三代汉唐以来诸贤名理，宋元明国朝学案，暨外国名人言行，务以周知实践为归"。对"伦理学"的课程考核也以"力行"为主："伦理一科，不在多言，而在力行。"皮锡瑞在湖南高等学堂师范馆教授伦理学的讲稿《伦理讲义》(1903) 中，开头就讲"伦理首重忠孝"；姚永朴所编纂的教材《中等伦理学》(1906) 也是以"立教、明伦、敬身"为纲。

践而轻理论的问题。蔡元培在《中国伦理学史》一书中更是明确区分了"修身书"与"伦理学"，认为修身书主要是教人道德规范，而伦理学则以研究学理为鹄的，"盖伦理学者，知识之径涂；而修身书者，则行为之标准也"，并指出"持修身书之见解以治伦理学，常足为学识进步之障碍"。① 伦理学学科应该关注学理、以建构知识为面向，得到了近代伦理学研究者的普遍认同。关于伦理学的界说，江恒源折衷群言，阐幽抉微，指出"伦理学，是论究道德行为的根本原理，辨明道德判断的最高标准，定出至善之鹄，以期达到最圆满的做人目的"②；此外，谢幼伟的《伦理学大纲》（1941）、汪少伦的《伦理学体系》（1944）、黄建中的《比较伦理学》（1945）等都对伦理学的性质、目的、研究对象等基本问题进行了探讨。首先，伦理学是规范科学，同时有实践科学和理论科学的性质。"伦理学者，科学也，规范科学也，实践科学也，判断行为善恶之规范科学也，知行并进之实践科学也"③，伦理学是规范科学，同时也是实践科学。其次，伦理学的目的是研究学理，指导人生实践。"伦理学之最高目的，即在用理性研究道德现象或社会习俗，以明了其起源与背景，以确定其最高原则或标准，以厘定其详细内容或规律。"④ 质言之，伦理学是为了解决实际的人生问题，是一种人生论和行为学。第三，伦理学的研究对象是道德现象和道德行为。黄建中将西方伦理学史上伦理学的研究归为研究行为与品行之学、研究终鹄或至善之学、研究道德律及义务之学、判断正邪善恶之学、研究人类幸福之学、研究道德觉识之学、研究道德事象之学、

① 蔡元培：《中国伦理学史》，北京：东方出版社，1996年，绪论第 1 页。
② 江恒源：《伦理学概论》，上海：大东书局，1932年，第 21 页。
③ 黄建中：《比较伦理学》，济南：山东人民出版社，1998年，第 12 页。
④ 汪少伦：《伦理学体系》，上海：商务印书馆，1946年，第 2 页。

研究道德价值之学、研究人生关系之学等九个方面，并对其异同得失作了归纳分析，指出伦理学是以行为为对象，立道德之准则。[①]同时，围绕伦理学的一系列重大问题和重要范畴，他通过对中西伦理思想资源的系统研究和对比分析，强调中西伦理思想虽然相异，实可相通，可以相互发明补益，对于中国现代伦理学科的建立具有范式创新意义。

## 二、 现代意义上的伦理学术面向

在现代伦理学学科确立之前，近代早期关于伦理学的讨论主要是围绕道德教育问题进行的。[②] 伦理学的学科意识和学术意识建构，主要表现在：第一，对西方伦理学学科、思想和学说的译介和研究。如，杨昌济翻译的《西洋伦理学史》（1916），这是我国近代第一部比较全面介绍西方伦理学史的著作；蔡元培翻译的包尔生的《伦理学原理》（1909）等。西方近现代哲学家像斯宾诺莎、康德、费希特、黑格尔、谢林、叔本华、尼采、柏格森、杜威等人的伦理思想，在近代译介中都有提及，对近代中国思想界产生了重要影响。第二，关于中西伦理文化整体比较的研究。如陈独秀《东西民族根本思想之差异》 （1915）、李大钊《东西文明根本之异点》（1918）、梁漱溟《东西文化及其哲学》（1922）、胡适之《今日中国的文化冲突》（1929）、钱穆《世界文化三型——东西文化之探讨》（1942）、熊十力《略说中西文化》（1947）、唐君毅《中西文化精神

---

① 黄建中：《比较伦理学》，济南：山东人民出版社，1998年，第27—35页。
② 在当时的报刊上出现了一批讨论这一问题的文章，像《德育》（《新世界学报》第8号，1902）、《论道德教育之关系》（《东方杂志》第2年第4期，1905）、《修身教案》（《直隶教育杂志》第1年第19期，1905），等等。

之不同论略》（1947）等。总的来看，围绕中西伦理观念的根本特征与差异，阐述了西方伦理文化是个人本位，高扬个性和权利，公德发达；中国伦理文化是家族本位，更重伦理责任与义务，私德更盛，等等。第三，关于伦理学原理和伦理学史的自觉研究。这方面的成果主要集中在伦理学原理、体系、伦理学史、中国伦理思想以及道德问题研究等方面，展现了中国近代伦理学者建构自身伦理学体系的自觉和努力。刘师培的《伦理教科书》吸收借鉴了赫胥黎的进化论的伦理学思想，围绕个人伦理、家族伦理、社会伦理、国家伦理四方面，建构起了一个完整的伦理学体系；王耘庄的《道德论集》（1930）、张廷健的《现代伦理学》（1934）、黄方刚的《道德学》（1934）、谢幼伟的《伦理学大纲》（1941）、申自天的《伦理学》（1938）、孙贵定的《伦理学》（1945）、黄建中的《比较伦理学》（1945）等著作，都在各自的意义上建构了比较完整的伦理学知识体系，涉及的问题除了伦理学的基本问题，还涵盖中西道德之异同、道德律、动机与效果、乐利与幸福、乐观、进化与伦理、理性与欲望、直觉与良知等方面的内容。第四，以现代伦理学学科范式研究中国传统伦理思想。先后出版了蔡元培的《中国伦理学史》、薛正清的《儒家的伦理思想》、谢扶雅的《中国伦理思想述要》、潘新藻的《中国人生哲学史纲》、陈安仁的《中国先哲之伦理思想》等。其中，蔡元培的《中国伦理学史》是 20 世纪中国伦理学史研究的开山之作，在书中区分了伦理学与伦理学史的区别，认为二者体例不同，"伦理学以伦理之科条为纲，伦理学史以伦理学家之派别为叙"[1]，并且伦理学是主观的，而伦理学史则是客观的，概括介绍了我国数千年来的伦理思想，初步清理了传统伦理思想的历史

---

[1]　蔡元培：《中国伦理学史》，北京：商务印书馆，1999 年，第 1 页。

遗产，为现代中国伦理学知识体系构筑了最初的框架。

### 三、 现代学术意义上的中国伦理文化走向之争

中国现代伦理学知识体系的建构和发展，除了上述明确自我标识为伦理学的学科、学术的发展，对时代伦理道德观念产生最深刻影响的是三大伦理思潮，即自由主义西化派伦理思潮、现代新儒家伦理思潮和马克思主义伦理思潮。这三大思潮不仅对近代社会影响深刻，而且某种层面上，可以说主导了整个 20 世纪中国伦理思想学说的建构，近现代中国的伦理学说大多可以归为其中一类，或者体现了这三者之间融合的努力。

19 世纪末 20 世纪初，救亡和启蒙成为当时中国社会面临的两大任务，思想界纷纷提倡道德革命的口号，呼吁伦理觉悟，致力于唤醒现代中国人，塑造新的人格。19 世纪末以康有为、梁启超为代表的"维新派"开始引入西方近现代道德观念对传统伦理进行批判，20 世纪初梁启超明确提出"新民说"，进行道德启蒙；章太炎提出"道德革命"的口号，将道德革命视为社会政治革命的基本条件；"五四"新文化运动时期，"反对旧道德提倡新道德"成为当时思想界的旗帜，而围绕如何建设新道德或者说中国伦理文化向何处去的问题，则出现了以胡适、吴稚晖为代表的自由主义西化派的伦理主张、以梁漱溟为代表的东方文化派及现代新儒家伦理主张，这两种主张引发了近代思想史上两大激烈的思想争论，即"科学与人生观"的论战、全盘西化与中国本位文化的论战，中西伦理文化之争使得中国传统伦理的现代性转型问题凸显出来。以李大钊、陈独秀为代表的进步学人开始在中国传播以共产主义道德学说为核心的马克思主义伦理思想，试图在中西伦理之争中探索中国社会变革和

发展的新可能。总的来说，这三大思潮都是"当时深刻的民族危机和伦理危机的反映"，"都带有强烈的民族主义情绪"，"都希望中国走出中世纪、迈向现代化，并建设起与现代化相适应的中华伦理文化"①。

1. 再造新伦理。自由主义西化派以胡适、吴稚晖、张东荪等为代表，认为中国伦理文化的现代化就是要全盘西化。他们认为，西方近现代伦理道德是社会化的新道德，最大的特色是不知足，而且倡导自由、平等、人权，注重个人的权利和价值，强调个人主义和功利主义。中国的伦理传统则是私人化的道德，强调知足，以及重族群而轻个人、重义而轻利，这些都落后于西方伦理文明，是造成中国社会不能现代化的伦理文化根源。因而他们主张要彻底抛弃传统伦理学，而全面向西方伦理文化学习。他们致力于传播介绍西方伦理道德主张，主张"以自然主义对抗'德性主义'，以个人本位来取代家庭本位，以功利主义来取代'义务主义'，以自由平等来取代等级服从"②。总的来说，自由主义西化派的坚持个人主义的伦理原则，坚持功利主义的原则立场和评价标准，相比于现代性儒家伦理思潮，自由主义西化派具有科学主义的特征，认为科学可以支配人生观和决定人们的道德行为，认为善必须以真为基础，没有真就没有善，一切伦理道德都必须建立在科学主义的基础上。这些主张造成了民族文化的虚无主义以及唯科学主义的问题。

2. 返本开新论。以梁漱溟、熊十力、牟宗三等为代表的现代新儒家，坚持以继承儒家道统、弘扬儒家伦理为己任，以儒家心性之学为大本大源，吸纳西方伦理文化中的科学民主、自由精神与平

---

① 唐凯麟、王泽应：《20世纪中国伦理思潮》，北京：高等教育出版社，2003年，第23—25页。

② 钱广荣：《中国伦理学引论》，合肥：安徽人民出版社，2009年，第115页。

等原则等现代性因子，通过返本开新，实现内圣开出新外王的治世理想。从做中国伦理学的角度看，现代新儒家的学说对中国传统伦理学的发展具有学理上的创造性，吸收西方近现代哲学的成果来改造传统儒家思想，这对于中国传统伦理自身的发展有积极意义。但总的来说，其基本前提依然是传统主义的，本质上还是对儒家伦理的合理化调适与现代性诠释，决定了现代新儒家不可能完成重建中国现代伦理学的历史任务。

3. 伦理觉悟乃最后之觉悟。五四运动前后，面对民族危亡的局面，李大钊、陈独秀等都意识到伦理启蒙的重要，陈独秀提出"伦理的觉悟，为吾人最后觉悟之最后觉悟"①，而不同于自由主义西化派和现代新儒家，他们从俄国十月革命中得到鼓舞，开始在中国传播马克思主义思想。他们不仅认识到了中国传统伦理文化的弊病，而且深刻认识到西方近代资本主义伦理文明的弊端，明确了既反对盲目学习西方、也革新中国千年伦理文化之必要。在近代的科玄论战中，他们既"批评了东方文化派的伦理保守主义和玄学派的科学伦理二分说"，同时也批评了西化派的伦理虚无主义和以真代善论。三四十年代，艾思奇、李达等运用马克思主义的唯物史观分析探讨了道德同社会生活、经济利益的关系，阐发了道德的时代性、阶级性和民族性等问题。这一时期马克思主义伦理学在中国的核心成果是初步形成的毛泽东思想，真正开创了中国化的马克思主义伦理思想体系。

总的来说，近代社会处在急剧转型的动荡变迁时期，社会的巨大变化不仅是器物和制度层面的，更是国家民族文化心理层面的，

---

① 陈独秀：《吾人最后之觉悟》，《青年杂志》第一卷第六号，1916年2月15日，第4页。

道德革命正是近代变革中的重要内容，这是中国现代伦理学繁荣发展的根本动力。经过近代的酝酿发展，中国现代伦理学学科从无到有，不仅对伦理学的基本问题有了较为清晰的探讨，而且对伦理学体系的运用更加自觉，出现了本土化的现代伦理思想体系，不同伦理思想体系的竞争最终又表现在社会政治革命上，推动着现实革命的发展。

## 第二节　新中国伦理学知识体系的初创

如果说革命时期是以思想推动社会政治革命的话，那么新中国的成立可以说开启了以社会政治革命的胜利来确定伦理思想建设方向的模式。政治革命的胜利使得中国道德建设的方向明朗起来，共产主义道德成为国家占主导地位的道德体系，马克思主义伦理学的学科体系建构进入到探索奠基阶段。

新中国成立之初，伦理学学科一度被认为是旧社会意识形态而被取消。对伦理学问题的研究主要表现为"对共产主义道德观和人生观开展一些具有道德教育意义的研究，而在共产主义道德观和人生观的研究中还存在着将其与历史上各种道德观和人生观截然对立开来的倾向"[①]。伦理思想的发展主要是以实践的面貌呈现的，主要表现为在社会实践层面上对资产阶级个人主义道德和封建道德思想的批判，并且依然提倡发扬当代优良革命传统，号召向当时涌现出的许多共产主义道德楷模学习，这一特点贯穿于新中国成立前三十年道德建设的始终。

---

① 　王泽应：《历史性的发展成就与创新发展的新呼唤——新中国伦理学 70 年的总结与思考》，《道德与文明》2019 年第 3 期，第 8 页。

20世纪50年代中期到60年代中期，在张岱年、周辅成、周原冰、李奇、罗国杰等人的努力下，中国的伦理学建设有所恢复。苏联学者施什金的《马克思主义伦理学教学提纲》《共产主义道德概论》在苏联出版后，很快就在中国翻译出版；这一时期伦理学学科、学术的建构主要是围绕建构马克思主义伦理学展开的，并初步对马克思主义伦理学的体系建构进行了探索。这一时期的伦理学知识体系主要延续了革命时代的"共产主义道德"规则体系，"从严格的理论意义上说，它还处于一种道德设计的常规化、常识化层次，缺乏缜密系统的伦理理论建构"①，而从直接以知识的建构为直接目的伦理学知识形态的角度看，主要是发展了"道德科学"说的理论。

　　围绕关于共产主义道德问题的讨论，李奇在《马克思主义对伦理学的革命变革》《论无产阶级道德原则和功利主义》等文章中，明确提出了建设马克思主义伦理学的重要性，论述了马克思主义伦理学的特征、任务、方法和基本内容；周原冰在《道德问题论集》中系统论述了马克思主义道德科学研究的对象、范围和方法，明确提出"当代中国对于道德的研究，应该称为'道德科学'而不是'伦理学'"②，这对后来中国伦理学界对伦理学性质的认识影响深远；罗国杰主编的《马克思主义伦理学教学大纲》是新中国第一部伦理学教学大纲，为社会主义伦理学学科体系建构进行了初步探索。周辅成、张岱年、冯友兰、吴晗、冯定、许启贤、王煦华等也参与了这一讨论，这些共同促成了马克思主义伦理学理论体系的初

① 万俊人：《论中国伦理学之重建》，《北京大学学报（哲学社会科学版）》1990年第1期，第76页。

② 赵修义：《伦理学就是道德科学吗?》，《华东师范大学学报（哲学社会科学版）》2018年第6期，第46页。

步创立。

　　这一时期也涌现出许多伦理学术讨论成果，学者们从马克思主义伦理学出发对道德的本源、道德的阶级性和继承性以及道德中的善恶等问题进行了回答，并且对幸福观、荣辱观、婚恋观、职业观、人生观等方面的问题也有所讨论。吴晗的《说道德》《再说道德》以及《三说道德》则引发了60年代关于道德的阶级性和继承性的大讨论。除了对马克思主义伦理学的研究，对中国伦理思想的研究成果主要是张岱年的《中国伦理思想发展规律的初步研究》；对西方伦理思想的研究，主要是周辅成出版的《西方伦理学名著选辑》等著作，这些书为我国研究马克思主义的西方伦理思想史做了资料和理论准备，都是新中国社会主义伦理学知识体系的重要组成部分。

　　总的来说，新中国成立之后的前三十年，初步形成了以爱国主义和集体主义为核心的社会主义道德体系。从伦理学知识体系的建构角度看，主要表现为以马克思主义伦理学为核心的发展。建构马克思主义伦理学体系是社会主义革命在中国取得胜利后的必然要求，"在建设社会主义物质文明的同时，必须建立起与之相应的精神文明和新道德体系"[①]。但是由于过分强调道德的阶级性立场，以及对苏联模式的盲目模仿，这些都使得新中国社会主义伦理学知识体系的初创，存在对马克思主义伦理观的封闭性理解。对中国传统伦理的研究以及西方伦理学的研究都受到了很大的限制，马克思主义伦理学体系与中国传统伦理文化未能实现有机结合，而且受到"左"的思想的影响，马克思主义伦理学也存在着教条化倾向，新

---

①　万俊人：《论中国伦理学之重建》，《北京大学学报（哲学社会科学版）》1990年第1期，第76页。

中国社会主义伦理学的建构总体上举步维艰。

# 第三节　多元伦理学理论体系的演进

改革开放迎来了中国社会伟大变革的新时期，社会经济文化生活的巨大变革，呼唤与之相适应的社会伦理道德体系的革新，中国的伦理学研究真正迎来了浴火重生的时代。伦理学学科重新恢复并迅速发展，伦理学研究也不再局限于马克思主义伦理学的视野，对中国传统伦理思想的研究以及西方伦理学的研究都取得了丰硕的成果，应用伦理学也发展迅速，社会伦理观念呈现出多元发展的面向，伦理学参与社会道德体系建构的话语能力不断增强。总的来说，与改革开放以来中国社会政治经济文化的发展相适应，当代中国伦理学知识体系的建构大概经历了三个特征鲜明的发展阶段。

## 一、　新时期伦理学的复苏与反思

改革开放之初，围绕"文革"的反思成为这一时期中国伦理学讨论的热点，伦理学研究和话题讨论呈现一种反思"文革"的话语和思想观念的革新。首要的就表现在"关于真理标准的大讨论"中，恢复了"实践"的权威性。但是因为改革开放初期，伦理学知识体系的建构也是在"摸着石头过河"，对伦理学知识体系建构具有指导意义的是四项基本原则所确定的根本政治方向，而建构的具体展开方向却并不明确，这使得伦理学的研究呈现出新中国成立初期政治化的革命伦理学理论范式的某些特征。

20世纪70年代末80年代初，伦理学研究恢复后，对60年代由吴晗引发的关于道德阶级性和继承性问题进行了一次更为深入和全面的讨论，这就为中国传统伦理学研究的恢复奠定了理论基础。另一场备受关注的讨论是关于"社会主义人道主义"的讨论，这场讨论在 80 年代初形成高潮，围绕人道主义的范围和人道主义在社会主义道德中的地位，当时的伦理学界提出了人的生命尊严、人道、人性、人权等一系列伦理学理论。80 年代中后期的伦理讨论则不再局限于对"文革"的反思，而是具有了更深刻的启蒙意义，这时引发关注的伦理学问题主要是关于道德主体性问题的讨论、关于功利主义的反思、关于义利关系之争、关于集体主义道德原则的讨论、关于继承民族优秀道德遗产问题的讨论等。对其中一些问题的讨论，一直延续到 90 年代初期，有些讨论甚至持续至今。

这一时期，直接面向伦理学基础理论问题的探讨，主要集中在伦理学的基本问题以及道德的本质问题上。关于"什么是伦理学"的基本问题的探讨，在 20 世纪 80 年代主要有三种观点，即认为伦理学的基本问题是利益与道德的关系问题、道德与社会历史条件的关系问题和善与恶的关系问题。其中认为伦理学的基本问题是利益与道德的关系问题的观点，获得了较为广泛的认同。而关于道德的本质是主体性还是约束性的讨论，在当时主要出现了道德本质主体说和道德本质规范说，道德本质主体说认为"道德是人探索、认识、肯定和发展自身的一种重要方式，它从本质上说是人的需要和人的生命活动的一种特殊表现形式"，道德本质规范说则"把道德规定为由经济关系决定、按一定社会和阶级的要求来约束人们相互关系和个人行为的原则规范的总和"，强调"道德的真正本质在于约束性"①。

---

① 杨通进：《改革开放以来我国伦理学研究的十大热点问题》，《伦理学研究》2008年第 4 期，第 2 页。

改革开放后，新中国的伦理学学科才真正得以在完整独立意义上建立起来。主要是以苏联伦理学"教科书"体系为范本，20世纪80年代出版的伦理学教科书主要包括：罗国杰的《马克思主义伦理学》，这是新中国成立以来的第一部伦理学教科书；之后有魏英敏、金可溪合著的《伦理学简明教程》，唐凯麟主编的《简明马克思主义伦理学原理》，张善城编著的《伦理学基础》，周原冰的《共产主义道德通论》，肖雪慧的《伦理学原理》，罗国杰、马博穴、余进编著的《伦理学教程》，李奇主编的《道德科学》，罗国杰主编的《伦理学》等，这些形成了"80年代伦理学教科书群落"。这些教科书总体上主张"道德科学"说。

新中国成立后的一段时期，中国伦理学的学科发展缓慢甚至一度中断，使得中国伦理学的发展缺乏自身探索的经验。中国伦理学学科的建构就只能参考苏联伦理学教科书体系的经验，而苏联伦理学教科书体系主要以施什金和季塔连科为代表。施什金的《共产主义道德概论》，可以说是苏联第一本完整的伦理学书。20世纪80年代，季塔连科写了一本《马克思主义伦理学》，其特点就是大力宣传人道主义，并将它与原来提倡的集体主义等并列在一起。① 这两个人的伦理学体系都讲道德规范体系，其典型特征就是将伦理学视为一门关于道德研究的科学，主张"道德科学"说。实际上，受施什金的《共产主义道德概论》和《马克思主义伦理学原理》的影响，周原冰在1964年出版的《道德问题论集》一书中，就提出了"道德科学"说。他认为"当代中国对于道德的研究，应该称为

---

① 周辅成：《中国伦理学建设的回顾与展望》，《周辅成文集》卷Ⅱ，北京：北京大学出版社，2011年，第444—446页。

'道德科学'而不是'伦理学'"①，马克思主义诞生之后，"已经把道德学说根植于科学的基础之上了"②，并且强调"伦理学或道德学，不只是一种哲学，而且是一门实践性很强，与政治关系极为密切的科学"③。在1986年出版的专著《共产主义道德通论》中，周原冰更是系统阐述了马克思主义道德科学特别是共产主义道德原理。罗国杰创立的马克思主义伦理学体系坚持了"道德科学"说，早在20世纪60年代他就借鉴苏联教科书制定了新中国第一个《马克思主义伦理学教学大纲》，大致勾勒了马克思主义的基本框架，认为马克思主义伦理学具有科学性、阶级性和实践性的特征；在改革开放后的《马克思主义伦理学》中，他更系统论述了"马克思主义伦理思想的来源和发展以及道德与社会经济基础和上层建筑的辩证关系，并将共产主义道德列为马克思主义伦理学研究的核心内容之一"④；他一方面"把马克思主义伦理学解读并定位为科学"，另一方面则"致力于创建一门'科学'的伦理学"，即"以科学的形态再现道德，借助于抽象的理论思维就道德的规律问题展开理论探索和总结概括，达到对道德现象的规律性把握"⑤。

20世纪80年代，参考苏联教科书体系的中国伦理学学科体系的建构，奠定了马克思主义伦理学体系建构和发展的基础。同时对

---

① 周原冰编著：《道德问题丛论（增订本）》，上海：华东师范大学出版社，1989年，第14页。
② 周原冰编著：《道德问题丛论（增订本）》，上海：华东师范大学出版社，1989年，第15页。
③ 转引自赵修义：《伦理学就是道德科学吗？》，《华东师范大学学报（哲学社会科学版）》2018年第6期，第47页。
④ 孙春晨：《新中国70年马克思主义伦理思想研究》，《道德与文明》2019年第4期，第7页。
⑤ 转引自戴茂堂、王涛：《伦理学是科学吗？——试论伦理学的学科形象》，《湖北大学学报（哲学社会科学版）》2018年第3期，第31页。

之后伦理学的发展影响深远，长期主导了中国伦理学界关于伦理学的学科形象地位以及伦理学学科性质的认识。将伦理学规定为关于道德研究的学问，并将道德视为"调节人们行为规范的总和"，这"割裂了伦理学作为一种行为价值学说的整体内涵，使伦理学变成了一种单纯的行为规范学或'准则学'，忽略或掩饰了其价值本体意义"；而将社会约束性视为伦理学的本质特征，则"把道德和伦理学变成了一种纯外在化、政治化和非人性的东西，以至于难以避免与法律和政治的'角色混同'"①。

## 二、 面向市场经济的伦理学形态

20世纪90年代以后，随着社会主义市场经济体制的建立与发展，建构与社会主义市场经济相匹配的伦理道德体系成为时代的新要求。中国伦理学逐渐摆脱模仿苏联伦理学教科书体系的建构路径，聚焦于以市场经济为核心的社会生活，开始真正探索适应中国社会实际发展需要的伦理学知识体系。"对伦理学理论的思考开始不再固执地从既有的本本、理论教条、政治原则出发，而是从现实生活、人民的福利出发。道德与经济、义与利关系的大讨论，为市场经济正名，为正当权益正名，为道德革新正名，构成了那一时期伦理学理论的空前生机与繁荣景象。伦理学理论的这种世俗化转向，既是日常世俗生活在伦理学理论层面的反映，亦是日常道德生活世俗化寻求理论辩护的要求；既是改革开放过程中市场经济建设实践推动伦理学理论前行的标志，又是伦理学理论突破教条主义、

---

① 万俊人：《论中国伦理学之重建》，《北京大学学报（哲学社会科学版）》1990年第1期，第77页。

面向社会日常生活、建立与市场经济和现代化建设相适应的理论体系的标志。"[1] 这一时期引发热议的重要伦理问题包括：关于集体主义问题的讨论，主要是如何在市场经济体制下发展集体主义的问题浮现出来；关于义与利的关系问题，以及与之相联系的市场经济与道德的关系问题更是成了这一时期伦理学研究关注的重点问题，市场经济能否促进社会道德水平的提高问题受到关注，并促成了后来中国经济伦理学学科的建立；关于权利与正义问题的讨论增多，这既是对"文革"反思的一种结果，同时市场经济中个人利益的凸显也寻求关于个人权利问题的关注，而且90年代以罗尔斯为代表的西方正义理论进入中国伦理学界的视野，并受到越来越多的关注；关于制度伦理问题的研究，主要是计划经济向市场经济转型过程中，制度的缺失给人们的道德生活所带来的致命冲击受到中国伦理学研究者的关注，道德建设关注的视野不再仅仅局限于个人美德，而且也关注制度美德；关于普遍伦理的讨论，改革开放初期，我国主流伦理学还仍然坚持道德的阶级立场，认为道德是为了维护特定阶级的利益服务的，然而随着冷战格局的瓦解，如何在全球层面达成伦理共识的问题逐渐受到国际学术界热议，受此影响，国内伦理学界也开始关注和讨论普遍伦理的问题。[2] 此外，对环境伦理问题、科技伦理问题的关注在这一时期也开始出现。

从伦理学知识形态的角度看，中国近代伦理学建构时期出现的三种伦理学知识形态，依然可以用来架构和分析当代伦理学知识体系的建构，只是"以知识的建构为直接目的、作为对社会道德生活的哲

---

[1]　高兆明：《伦理精神的追寻——中国伦理学理论30年》，《云南大学学报（社会科学版）》2009年第3期，第44—45页。

[2]　杨通进：《改革开放以来我国伦理学研究的十大热点问题》，《伦理学研究》2008年第4期，第5页。

学思考意义上的'道德'哲学"成为当代伦理学知识建构的主要知识形态。与此同时，伦理学研究的方法开始走向跨学科、超学科的研究，自然科学中的系统论方法，社会学中的调查、实证研究方法，心理学中实验和测量的方法，被引入对相关伦理学问题的研究中。

### 三、 面向实践的应用伦理学范式

21 世纪以来，中国伦理学知识体系建构进入到社会化发展阶段，这一阶段中国伦理学建构的突出特征就是应用伦理学的蓬勃发展，呈现出伦理学研究的具体化与实践性品格。中国伦理学理论进一步面向社会生活，深入各个领域的特殊伦理关系，思考并回答各种具体问题，力图发挥伦理学理论指导与引领日常生活的功用。随着社会主义市场经济建设和改革开放进入深水区，现代科学技术发展给社会带来了空前挑战，环境、医疗等社会各个领域内的伦理问题也都引发了社会的高度关注。伦理学的问题不再局限于社会日常生活领域的一般性道德问题，而是呈现为社会各个专业领域内与日常生活领域交织的复杂性的伦理问题，这迫使伦理学研究者不得不直面现实，研究具体的问题。由此，应用伦理学真正地开始勃兴。在这种意义上，应用伦理学不应该被简单视为一般伦理学原则在具体领域中的具体运用，也不应该被"理解为不关注形而上学的抽象命题而仅关注具体实践领域中的具体道德问题研究"，应用伦理学之"应用"应该"是在一种处境化的'问题'中寻求对问题本身的理解方式"，是由于现实生活中出现了"无法'应用'传统伦理学的原则来加以理解和解决的问题领域"，才出现了"应用伦理学"[①]。随着人

---

① 高兆明：《伦理学理论与方法（修订版）》，北京：人民出版社，2013 年，第 140 页。

工智能和生命科技的迅猛推进，伦理学研究更需要立足现实问题，回应时代挑战，强化理论与实践互动、研究方法与范式更新，在社会伦理关系调整与秩序重塑中推进伦理学知识体系的转型创新。

## 第四节　未完成的中国现代伦理学

百余年来，中国伦理学每个阶段的发展某种程度上都可以视为中国现代伦理学知识体系一次重建的努力。每一次重建都体现了时代对于中国伦理学发展的迫切要求，从近代对中国伦理学实现现代性转型的要求，到新中国成立初期建构社会主义伦理道德体系的要求，再到改革开放后恢复中国伦理学研究以及建构符合社会主义市场经济发展相匹配的伦理道德体系的要求。时代的发展才是中国伦理学学术发展的根本引领，中国伦理学话语体系必须能够直面时代问题、回应时代挑战，才能真正永葆理论的生机和活力。经过改革开放 40 多年的发展，中国特色社会主义建设已经进入了新时代，对中国伦理学发展也提出了新挑战和新要求，中国伦理学知识体系进入到了新的历史建构阶段。

当然，伦理学知识就其作为真理性的认识看，也即从狭义的知识论的角度看，伦理学知识体系的更新主要是要更新对伦理学的基本问题的回答，但这样的知识体系的更新主要取决于我们认识真理的能力。我们今天重提中国伦理学知识体系，重要的是建构适应新时代发展要求的伦理学体系，从知识体系的角度看，这样的伦理学体系的建构就是要有一种引领中国伦理学研究方向的能力。这样的伦理学知识体系的建构，要反映新时代中国发展特点，要适应新时代中国发展要求，这种要求对内表现为对中华民族伟大复兴的追求，对外表现为建构人类命运共同体的追求，因而要体现民族性与普遍性相统一的伦理学特征。

回顾百年来中国伦理学知识体系的重建，由于中国社会具有多次阶段质变性特征，也即总是在一种社会政治经济形态还未充分发育的情况下，通过政治革命或强力的手段使得社会政治经济形态发生了质的变化。中国伦理学现代性转型的历史任务仍未完成，当代中国伦理学知识体系的重建不仅要回应时代，而且要反思历史，应该充分生长在中国百年伦理学现代转型的历史基点和现实之原上。综合中国现代伦理学知识体系三个阶段的建构，当今中国伦理学知识体系的重建应该充分意识到以下几个方面的问题。

## 一、 重思近代伦理学建构的遗产

中国伦理学的现代性转型有多重意涵。就相较于传统伦理学思考的范式而言，作为现代学科意义上的伦理学研究范式转型，取得了很大进展。就对传统伦理学内容的现代性重释和改造而言，我们看到自近代以来新儒家成果丰硕，但这一现代性的转型依然问题重重，亟待突破。这意味着中国伦理学的现代性转型本身就应该是一个不断持续探讨的方案。

从推进中国伦理学现代性转型的角度看，一方面要求我们必须继续反思中国伟大的伦理思想传统，只有实现了中国传统伦理与现代性的有机结合，我们才有可能在真正意义上称之为中国伦理学，这意味着面向伦理学普遍问题的中国智慧和中国方案。另一方面，还提醒我们必须重视和把握中国现代性实践的现实和经验，中国现代伦理学的建构必须以中国现代社会的发展为基本出发点。

从伦理学知识形态的角度看，当代伦理学的讨论依然没有完全超越近代伦理学讨论所确立的三种知识形态；从百年伦理学建构的历程看，考虑到新中国成立后前三十年伦理学发展的状况，改革开放后中国伦理学建构真正具有自我参考价值的经验恰恰在近代，而且当代对中国传统伦理学以及西方伦理学的研究基础也正是近代伦理学的研究。因而，要摆脱百余年中国伦理学断裂式的建构模式，建构当今中国伦理学知识体系，必须对近代伦理学的建构进行反思，而且近代也是思考中国现代性问题的发生起点。冯契晚年多次提到需要对中国近代伦理革命做更深入的反思，对中国近代伦理革命问题的关注，重要的不在于阐明近代伦理革命的事实，而是由于近代伦理革命中遗留下来的问题深刻影响着当代，近代伦理革命就其作为过往的历史而言是"既济"，然而就它与我们当代生活深刻的关联性而言，它还是"未济"的，因而需要重新理解近代伦理革命，发现其中的问题，分析这些问题与我们当代伦理生活之间的联系，从而进一步发展和完善我们这个时代的伦理建设。

百年中国伦理学知识体系的阶段性重建总是伴随着对"伦理学"认识的变化，由之也确定了整个中国伦理学知识体系建构的方向和内容。中国伦理学的现代性转型，实际上是区分了传统的道德学说与伦理学研究的不同，蔡元培创立中国伦理学的学科就是从区分"修身书"与"伦理学"开始的。对伦理学知识体系的当代中国重建而言，我们所要面对的首要问题就是重新理解什么是伦理学，伦理与道德的关系、伦理的学科性质、伦理学知识体系的特点及论题域是什么。而以现代新儒家为代表对传统伦理的理解存在着道德主义的简单化约的倾向，当代伦理学知识体系的建构就必须超越对伦理学的片面认识。

## 二、 伦理学知识体系的会通与创新

近代以来中国伦理学的发展就是从古今中西之争开始的，最早是借用西方进化论伦理学挑战中国传统伦理思想。"五四"以后，自由主义西化派的伦理学、文化保守主义的伦理学以及马克思主义伦理学相互竞争，但是理论上的对话和会通尚未充分展开。新中国成立后，马克思主义伦理学取得主导地位，较长时期引进并沿用了苏联教科书模式的框架预制。20世纪80年代中后期以后，西方伦理学研究又开始独立发展，中国传统伦理也逐渐受到重视，中国传统伦理学、西方伦理学与马克思主义伦理学形成了某种割据发展的态势，这造成了某些研究走向的偏颇，包括伦理的复古主义、狭隘化等。当今中国伦理学知识体系的重建必须很好地做到三者的会通，这是中国伦理学知识体系建构的现实基础，而中国传统伦理学是真正的中国特色根基所在，西方伦理学则提供了现代性伦理学的某种范式。必须在会通三者之上，真正有所创造，"中国伦理学的重建乃是一种传统伦理学向现代伦理学的转型，它应该既是对中国传统伦理学的批判性再造，也是对传统'马克思主义伦理学'的创造性拓展"①。从中西马伦理学会通的视角看，冯契的智慧说理论体系立足广义认识论，化理论为德性，化理论为方法，为当代中国伦理学知识体系重建提供了新范例和新思路。② 在中国伦理学步入自我反思和东西方文化趋于合流的时代，如何真正走出古今中西之争，植根中国问题，运用中国智慧，推进全球价值重塑与人类文明互鉴，正是一个有待深入展开持续探索的中国伦理学知识建构与实践方向。

---

① 万俊人：《论中国伦理学之重建》，《北京大学学报（哲学社会科学版）》1990年第1期，第78页。

② 付长珍：《论德性自证：问题与进路》，《华东师范大学学报（哲学社会科学版）》2016年第3期，第137—144页。关于冯契"智慧说"伦理思想，可参见冯契：《人的自由和真善美》，《冯契文集（增订版）》第三卷，上海：华东师范大学出版社，2016年。

中国伦理学有着悠久丰厚的文化传统和话语资源，曾经支撑起"道德中国"的伦理大厦，建构了中国人独特的精神世界。如何上承旧统下启新运，按照习近平总书记指示的"立足中国、借鉴国外、挖掘历史、把握当代，关怀人类、面向未来的思路"，建构一种既传承自身民族智慧，又具有世界普遍意义的当代中国伦理学知识体系，实乃时代之需。而且面对当代人工智能与生命科技的挑战，在"机器向人生成"与"人向机器生成"的双重境遇中，回应人类和类人类（AI）如何相处以及如何持守人的价值与尊严问题，都需要重构和创新当代中国的伦理学知识体系。这不仅是一个紧迫而重大的学术问题，而且也是"中国现代性"中最紧要的现实问题之一，具有重大的应用价值和社会意义。

1. 发挥伦理学的实践品格，更好地应对时代的伦理挑战。

伦理学知识的核心，即善或正当概念的日用意义，是从人们关于善的生活的观念和关于有德性的活动的观念中逐步地、历史地分离出来，并在日常意识中沉淀下来的。面临新时代、新问题，当代的伦理学应该基于现实生活与实践对善与正当进行重新解说。而且每一个时代都有这个时代的主要矛盾和中心问题，伦理学要直面生活世界，更好地回应生活世界，回应时代的中心问题，就应该致力于解决时代的主要矛盾和中心问题的挑战。尤其是面对这样一个日益多元化分化发展的社会，技术、经济、环境等领域暴露出的伦理问题越来越多，而传统的伦理学更多地倾向于就伦理谈伦理，对新兴问题关注较少，这都要求伦理学知识体系的更新与重建。

2. 挖掘中华伦理精神，更好地推进中国伦理文化观念的认同。

西学东渐之始，中国有无伦理学就成为一个备受争议的话题。有些学者认为，由于中国传统文化中缺乏系统的伦理学知识体系，所以中国没有伦理学，有的只是伦理道德观念。有些学者认为，尽管中国不像西方那样对伦理学作为一门学科有过系统的论证，但是儒家、道家以及后世的程朱理学等都提供了整全的伦理理论，因此，中国有伦理学，只不过这种伦理学是属于中国样式的。伦理学知识体系的当代中国重建，很重要的就是要发掘中华民族的伦理思想传统，揭示中国新型伦理话语建构的历史成因和文化资源；梳理百年来伦理思想家的经验，探讨中国伦理话语建设路径，切实创建富有中国气象的伦理话语；考察中国伦理关键术语的创建和话语形态创新，阐述中国新型伦理学知识体系的内涵特质；引入实践智慧这一新的视角来研究中国伦理学知识体系建构，进一步拓展伦理学建设的理论空间和可能前景。这些都有助于弘扬中华伦理精神，更好地推进对中国伦理文化观念的认同与接受。

3. 建构中国伦理话语，更好地参与世界伦理对话。

在全面推进中国式现代化和中华民族现代文明建设的新征程中，如何深入揭示中华文明的精神密码、内在逻辑和深层机理，需要善于提炼标识性概念，运用中华民族伦理智慧破解时代难题，回应中国之问、世界之问、人类之问。伦理学知识体系的当代中国重建，有助于建构伦理学话语的中国形态，让中国伦理学更好地参与世界文明的伦理对话。

当代西方伦理学知识体系呈现出分离式的对立，如三大论域（元伦理学、描述伦理学、规范伦理学）、两大命题的分离（道德命题与科学命题）；两大基础（伦理理性主义与道德情感主义）以及核心问题（善与正当何者优先？）的对立。这些分离式、对立性的诠释带来了自由主义与社群主义、规范伦理与美德伦理之争，使得伦理学成为一种非整全的存在。伦理学在当代的出场，就需要贡献出尚未被西方充分重视的中国伦理智慧。而且尽管伦理观念的产生具有民族性、地方性、本土性特征，但是随着全球化的迅速扩张，人类的命运被牢牢地拴在一起，更需要构建一种整合性的伦理学知识体系，要关注不同民族、不同国度对普遍价值的共识性理解，以"和而不同"的态度进行多元化融合。伦理学知识体系的当代中国重建，旨在广纳古今中外伦理精华的基础上，挖掘科学与人文方法的深度融合，寻找伦理学观念得以践行的有效方式，以一种世界话语、国际术语来诠释具有中国特色的伦理学知识体系。这既是中国伦理学特色的呈现，也是中国文化自信的彰显，可以为当代中国民族文化自信提供理论支持与经验参考，为中国文化走向世界做出尝试性探索。

# 第二章

中国现代性中的伦理秩序话语

近代以来，"中国向何处去"成为时代的中心问题。如何走出"古今中西之争"的藩篱，构建更加健全的中国伦理话语形态，是中国伦理现代性转型所要面对的根本议题和时代任务。要实现这一目标，从共同体伦理的视角看，需要通过追寻并激活民族的历史记忆和文化传统，增强民族向心力凝聚力，不断利用自身文明成就创造新的价值观，重建中华民族共同体意识与伦理秩序。

哈耶克将秩序分为自生自发秩序和人造的秩序。"自发秩序所遵循的规则系统是进化而非设计的产物，而且这种进化的过程是一种竞争和试错的过程，因此任何社会中盛行的传统和规则的系统都是这一进化过程的结果。"① 德性是一种"伦理上的造诣"，伦理文明是人类实践的成果，而非人为设计的产物。建设中华民族现代文明，让古典精神直面现代世界，既需要对中华优秀伦理传统的继承创新，又需要深入考察现实的伦理关系及其秩序的确立。

## 第一节　文化主体性与民族独特性

在经济全球化和世界一体化的背景下，民族文化的认同危机正越来越成为一个严峻的问题。西方现代性模式鼓吹文化的同质化，宣扬西方主流价值观和文化一元论，压制文化多元主义的发展，对非西方的民族文化和价值观造成了严重影响。面对西方强势文化的冲击，中国文化应如何进行自我定位，实现自主发展？重思文化主体性问题，对于推动共同体伦理秩序建构提供了一个重要的维度。

---

① 哈耶克:《自由秩序原理》，邓正来译，上海:上海三联书店，2003年，第6页。

## 一、 何为文化主体性？

文化主体性是民族文化的灵魂和旗帜。一个健全的民族文化体系，必须表现民族的主体性。"民族的主体性就是民族的独立性、主动性、自觉性。……如果文化不能保证民族的主体性，这种文化是毫无价值的。"[①] 文化主体性不仅是一个文化立场和态度问题，而且是文化上的自觉能动性，表现为对自己民族文化传统的自我认识、自我反省、自我更新、自我创化。

文化主体性大致包括两个层次的意蕴：其一，文化认同中的自我意识。在文化选择和文化认同的基础上，对自己文化的来历、构成、特征和发展趋势有自知之明，通过批判性反思达成某种程度的文化自觉意识；其二，文化建构中的自主能力。任何一种民族文化必须扎根在自身文化的土壤中，只有对自身文化有充分理解和认识，保护和发扬，它才能适应自身社会合理、健康发展的要求，它才有深厚地吸收其他民族的文化的能力。一个没有能力吸收其他民族的文化以丰富和发展其自身的文化，它将或被消灭，或全盘同化。[②] 在不断发展的多元文化世界里，确立起自己文化的自主地位和自我调适能力，通过与其他文化的沟通融合，共同建立一个相互认可的基本秩序和相互促进的共处原则。

## 二、"中国"与"西方"：文化主体性与民族自性

文化主体性问题的凸显总是与文化认同危机相伴而生，如影随

---

① 张岱年：《中国文化发展的道路》，《张岱年全集》第7卷，石家庄：河北人民出版社，1996年，第64页。
② 汤一介：《儒学的现代意义》，《光明日报》2006年12月14日。

形。在古代中国，没有文化认同的紧张，文化主体性基本没有成为一个问题。古代人所讲的天下，主要不是一个空间概念，也不是一个自然地理的概念，更重要的是就一种文化和价值意义而言。正如许淖云先生所言，"所谓'天下'，并不是中国自以为'世界只有如此大'，而是以为，光天化日之下，只有同一人文的伦理秩序。中国自以为是这一文明的首善之区，文明之所寄托。于是'天下'是一个无远弗届的同心圆，一层一层地开化，推向未开化，中国自诩为文明中心，遂建构了中国与四邻的朝贡制，以及与内部边区的赐封、羁縻、土司诸种制度"①。所谓的中原、中国，基本上是"世界文明的中心"的标识。只有相对的"我者"，没有绝对的"他者"，所谓的蛮夷狄戎，都是相对的，是可以通过教化成为"我者"的"他者"。他们遵从的是天下主义的伦理秩序，服从的是同一个文明尺度和价值，只有中心与边缘的差别，从这个意义上来说，没有我们今天所讲的文化主体性的焦虑。

近代以来，三千年未有之大变局，打破了传统中国人的天朝迷梦。西方的坚船利炮和欧风美雨的浸染，强烈地冲击着以儒家文明为核心的中国人的文化传统和观念世界，彻底颠覆了中国人赖以理解世界的历史观和宇宙观，天下不再是我者的天下，产生了深刻的国族认同和文化认同危机。现代西方文明对华夏文明的优越感形成了巨大挑战，催生了族群民族主义者的种族意识。他们强调以历史文化为核心的民族主体性，致力于打造一个既持守本土文化的主体性，又能与西方文明接轨的现代民族国家。

在日趋深重的亡国灭种的民族危难面前，社会上弥漫着空前的

---

① 许倬云：《我者与他者：中国历史上的内外分际》，北京：生活·读书·新知三联书店，2010年，第20页。

文化认同危机。文化主体性的焦虑与建立现代民族国家的诉求相涤荡相交织。民族主义的核心在于通过寻找中国文化的独特性，由启发国族意识转换为对现代国家认同的建构。"文化主体性"的焦点是民族自性的问题，梁启超认为，每一民族在历史发展过程中都形成了自己独特的自性。"人类自千万年以前，分孳各地，各自发达，自言语风俗，以至思想法则，形质异，精神异，而有不得不自国其国者焉。"① 他区分了自性和他性，从自性开始反思国性，国性包括国语、国教、国俗，以回答中国何以自立的问题，追问中华民族的文化根基之所在。不同于晚清以来流行的以文明野蛮为标尺的文化评判思路，章太炎重视以国性为标准的文化价值取向。"国无论文野，要能守其国性，则可以不殆"②，主张"用国粹激动种姓，增进爱国的热肠"③。他把中国的语言文字视为最富有中国民族生命精神的系统，从其中发掘资源，构造一个"依自不依他"、具有自觉精神的文化主体。"民族无自觉，即为他民族陵轹，无以自存。"文化亡则国家必亡，即使一朝国破，文化血统流传在国人心中，那么复国也就指日可待。章太炎特别提倡历史之学，"仆以为民族主义，如稼穑然，要以史籍所载人物制度、地理风俗之类，为之灌溉，则蔚然以兴矣。不然，徒知主义之可贵，而不知民族之可爱，吾恐其渐就萎黄也"④。历史主义观念逐步成为现代民族国家认同的思想基础，对国族历史的追思转变为建构对现代民族国家文

---

① 梁启超：《新民说》，《饮冰室合集·专集之四》，北京：中华书局，1989 年，第 17 页。
② 章太炎：《救学弊论》，载《章太炎全集》第五册，上海：上海人民出版社 1985 年，第 101 页。
③ 章太炎：《章太炎政论选集》（上册），北京：中华书局，1977 年，第 272 页。
④ 章太炎著，陈平原选编导读：《章太炎的白话文》，贵阳：贵州教育出版社，2014 年，第 139—140 页。

化认同和文化自觉的努力。

梁启超"中国何以以界他国而自立于大地"的发问，就是寻求中国文化独特性的文明意识和文明态度。所以，独特性是他们所追求的中国文化主体性的一个根基和着力点。中国是一个有着丰厚历史传统的国度，理应在世界文化舞台上展现自己独特的文化力量，张君劢曾在中华教育改进会发表题为"欧洲文化之危机及中国新文化之趋向"的讲演，他说："吾国今后新文化之方针，当由我自决，由我民族精神上自行提出要求。若谓西洋人如何，我便如何，此乃傀儡登场，此为沐猴而冠，既无所谓文，更无所谓化。"[①] 所谓"当由我自决"，梁启超在为《改造》杂志撰写的发刊词中明确写道："同人确信中国文明实全人类极可宝贵之一部分遗产，故我国人对于先民有整顿发扬之责任，对于世界有参加贡献之责任。"[②]通过追思国学和国族的历史，强调对于国族的历史记忆是认同现代中国的文化根基。带有民族主义色彩的文化自觉，是中国文化主体性的自我启蒙和自我建构。

因此，近代以来文化主体性的焦虑，就是对如何建构一个独立的现代民族国家的焦虑，实际上也就是中国人对文化身份的认同的危机，表现为中国本位文化和西化的持续论争。当西化、现代化与全球化相遇，使得中国文化的主体性焦虑变得更为艰难，更加复杂了。因为全球化不仅意味着世界的一体化，反而是差异化、多元化，刺激催生了更多的矛盾，尤其是原教旨主义的抬头，其最大的野心就是世界只有一种文明。当今中国经济崛起以后，我们肯定要重新来思考，因为面对的不仅仅是西方文明，还有原教旨主义的挑

---

① 张君劢：《欧洲文化之危机及中国新文化之趋向》，载蔡尚思：《中国现代思想史资料简编》第 2 卷，杭州：浙江出版社，1982 年，第 246 页。
② 李华兴、吴嘉勋：《梁启超选集》，上海：上海人民出版社，1984 年，第 744 页。

战。我们所谓的文化崛起是应该树立一个什么样的主体性?

### 三、 中国文化主体性的当代形态

坚持中国文化的主体性，就是坚持以现代化国家认同为核心的民族文化主体性。文化身份认同与建构的核心问题，说到底是一个价值观念的问题。价值观是民族文化传统的核心，体现了民族的理想追求、民族精神的独立性和民族文化的独特性，并对制度和行为发生着持久而稳定的影响。建构中国文化主体性的当代形态，其载体是核心价值观。通过构建并践行核心价值观，来重树民族文化的主体性，重建国人对现代中国认同所必需的价值体系、社会制度和行为规范。

其一，在建立文化的、政治的、价值的自我认同基础之上，强调民族理想和国家价值观。如何赋予核心价值观以具有民族文化特征的表达与阐释?习近平总书记多次强调指出，我们生而为中国人，最根本的是我们有中国人的独特精神世界，有百姓日用而不觉的价值观。核心价值观反映一个民族精神文化生活的理想与追求。一个民族对核心价值的解释，关乎它的文化传统、社会理想、行为秩序，构成了它的文化优势与特性，能够体现"国民精神"的文化独特性和多样性。强调民族文化的独特性，既是民族自信心的表征，也是一种对世界文明负责任的心态。

其二，加强民族的自我教育和自我反省。通过对民众的政治文化价值观的培养，形塑一种国家层面上的伟大人格。马克斯·韦伯在《民族国家与经济政策》一文中说过一段发人深思的话，也特别适用于当下的中国，"当我们超越我们自己这一代的墓地而思考时，激动我们的问题并不是未来的人类将如何'丰衣足食'，而是他们将成为什么样的人"①。当今的中国人正面临着这样一种历史使命，如何全面提升中国人的价值认同和文化主体性，在相互竞争的世界文明体系当中，使国人尤其是知识群体有意愿为自己的文明提供辩护，有能力论证自己文化的合法性和正当性，在捍卫民族文化的价值体系时，承担起自己的历史责任。

其三，正确认识和理解自身文化、他者文化和多元文化及其相互关系。首先，坚持民族文化的主体性，民族的历史与文化传统是文化之"根"，既要看到民族文化构成的独特性，又要看到民族文化中具有普适性意义的价值要素。其次，尊重理解他者文化的经验和长处，自觉吸收他者文化精华，尊重那些为国际社会大多数国家和民众所认同的文明准则、价值观与理想信仰，将它们作为建构新价值共识的重要资源。任何一种民族文化都有其存在的尊严和发展的特殊性，文化霸权主义和文化中心主义应当受到强烈质疑和批判。

其四，持守开放的民族主义文化立场。既理性对待自己的文化传统，摸清家底，认清方向，不崇洋媚外，亦不盲目排外，自尊而不自封，自信而不自大；认同文化的多元性，宽容对待异质文化，摒弃狭隘民族主义和极端民族主义，即将本民族的利益、文明、价值观凌驾于其他民族之上的思想。既要看到民族文化价值的差异性，又要看到不同文化间存在着共性和对话的基础，拒绝文化优越论等霸权观念。审慎处理多元文化问题，实现民族文化的自我更新和再生。面对多元文明的冲突，必须不断强健自身文化的体魄，增强民族文化的主体意识和自主能力，才能在这个迅速全球化的时

---

① ［德］马克斯·韦伯：《民族国家与经济政策》，甘阳等译，北京：生活·读书·新知三联书店，1997年，第90页。

代，护住文明进程中的必要的张力，与其他文明对话互补、共生共荣。殊途而同归，一致而百虑，"和而不同"才是实现人类文明发展进步的合理出路。

传统的真正价值正在于传统的不断主体化的过程中。重新发现和接续传统，并不是要简单地回归传统，而是要通过重释和激活传统来反思我们的当下，同时建构我们的未来。特里·伊格尔顿指出："社会主义共同文化观的充分涵义是，应该在全民族的集体实践中不断重新创造和重新定义整个生活方式，而不是把别人的现成意义和价值拿来进行被动的生活体验。"① 中国式现代化已走出了一条独特的发展道路，作为他者的西方文明只能是我们建构自身文化的参照系，只有顺应人类文明发展主流，植根于自身文化传统，才有民族文化的复兴和未来。

## 第二节　教化：作为伦理生活的样式

教化传统曾长期支撑着中国人的精神世界，既关联着个体德性的成长、人格的发育，也是维系共同体和谐发展的价值纽带和精神家园。随着现代社会的发展，教化的化育功能已被不同程度地遮蔽或遗忘了。"教化"失落的现实境遇关联着国民精神世界的迷茫。社会主义核心价值观的形塑，不仅体现在政治文化与制度建设层面，还需要依托自身的文化传统，落实在民众的日用常行中，才能真正契合于世道人心，从而发生精神引领作用。故而有必要从思想史的维度重新省思中国伦理文化中的教化传统及其当代意义。

---

① ［英］特里·伊格尔顿：《历史中的政治、哲学、爱欲》，马海良译，北京：中国社会科学出版社，1999年，第140页。

# 一、 何为教化之"化"？

教化是一个古老的概念，在中西方文化中都有着丰富的人性内涵和悠久的人文传统。从内涵上说，教化具有双重意蕴。其一是从个体的角度讲，个体的心灵情感由于得到了道德规范和价值理念的引导和塑造，潜移默化，习以成性，徙恶迁善而不自知。在希腊文中，教化（Paideia）即意味着"教并使习于所教"，习于一事而形成习惯，就会凝结为道德品质。在德语中，教化（Bildung）一词则指示着"他们对思想塑造生活的力量和个人自我修养的能力有着共同的信仰，认为个人可以修养到自己的内心冲突得到克服而与同胞和大自然和谐相处的程度"，达到崇高人性的塑造成型。其二是从共同体的角度讲，"明人伦，兴教化"，化民成俗，形成良好的社会风气。以良好的人伦秩序来范围生活的各个领域，使之成为人的精神家园。伽达默尔对此亦有关注，他在谈到教化的时候，重视人在伦理实践过程中，将个体自身的直接性、本能性上升到普遍性。个体的精神如何成为一个普遍化的要求并产生普遍的作用，属于实践层面的问题。（这里内含着一个问题，即人如何将自我的个性人格转化为社会性的普遍人格。）每个人要在社会中立足都需要一个自我认可的共同体，这使得教化不仅关涉个体的教化，而且涉及共同体的教化。事实上，个体的教化虽然是教化的重要落脚点，但并不是全部的旨归所在。因为每个人都不可能全知全能，所以作为个体的人必须依托于一个能够帮助他实现价值目标且值得信任的共同体，这样的共同体成为了个体的依托。个体作为共同体中的一员得以被教化，其原因就在于人在具有个性的同时还有共通性、普遍性的东西，这是共同体实现教化的本体和人性的依据。个体对共同体怀有向心力和认同感，也可以帮助共同体更好地完成教化的功能。作为共同体的伦理秩序，教化就是让个体在成人的同时，也能将精神的普遍性推向更广的社会领域。

关于何为"化"？《荀子·正名》曰："物有同状而异所者，有异状而同所者，可别也。状同而为异所者，虽可合，谓之二实。状变而实无别而为异者，谓之化。有化而无别，谓之一实。"《周易》屡言"化"，多有改变、感化之义。《中庸》讲"唯天下至诚为能化"。荀子也认为，"天地为大矣，不诚则不能化万物；圣人为知矣，不诚则不能化万民"（《荀子·不苟》）。此处的化，只有至诚，才能使人动心，进而发生改变，动心既久，渐变则可以迁化了。

与儒家主张"诚则能化"不同，道家强调"得道自化"。据陈鼓应先生考证，《老子》言"化"仅三见，皆为修辞性的政治术语。《庄子》言"化"，多达75次。[①] 老子提出"万物自化""我无为而民自化"，主张万物自我化育，自生自长。庄子在继承老子"自化"思想的基础上，创设"造化""物化""不化"等概念，并将"化"贯通天道与人道，从自然哲学层面扩展到政治伦理层面，"天不产而万物化，地不长而万物育，帝王无为而天下功。……此乘天地、驰万物而用人群之道也"（《庄子·天道》）。"与物化者，一不化者也。安化安不化？安与之相靡？必与之莫多"（《庄子·知北游》）。化表示变，不化意味着常，以不化应化，贵在于我而不失于变。

立足于中国哲学的语境，"化"的多重意蕴集中体现在人文化成的价值理想中。"人文化成"出自《易·贲卦》"刚柔交错，天文也；文明以止，人文也。观乎天文以察时变，观乎人文以化成天下"。文明以止，止为中和，成为"人文化成"的内在尺度。文以

---

① 　陈鼓应：《论道与物关系问题》（上），《哲学动态》2005年第7期，第64页。

人为本，人以文为质，"文质彬彬，然后君子"，这种文质统一的价值理想，既提撕着个体的精神自觉，又使人知所依归，翕然成化。人性臻于善，文化臻于美，成为中华文化代代相传的精神旨趣。在古代中国"政教一体"的治理模式中，"政"的本质首先不在治理，而在教化。"善政不如善教之得民也。善政民畏之，善教民爱之。善政得民财，善教得民心。"（《孟子·尽心上》）"分能以能行？曰：义"（《荀子·王制》），荀子强调通过人文教化的方式使人承认有"义"，并在此基础上逐渐形成自己的第二天性，得道自化，即所谓成人。《汉书·刑法志》云："故不仁爱则不能群，不能群则不胜物，不胜物则养不足。群而不足，争心将作。"以仁爱为共同体的基础，"政者，正也"，政治的主要目的是化民成俗，造就一个正义的共同体。

## 二、 伦理关系场域中的教化

从历史的角度看，正是通过礼乐教化使儒家价值观念在中国人的社会生活和心灵世界中扎了根，打下了深厚的基础，这种基础在个体精神生活和共同体的社会生活中传承发展，形成了一个活的传统。"《诗》《书》《礼》《乐》之谓，当法此教而化成天下也"（孔颖达疏《周易正义》）。"树风声，流显号，美教化，移风俗"（《隋书·经籍志一》）。礼乐诗书之教，是人道与教化的统一，是道德与审美的融合。诗书礼乐的作用正在于教化正俗，教化的本质正在于引导、涵养人性与醇厚美好风俗，从而使人们形成普遍的价值理想以达到天下大化。

着眼于儒学的视域，教化至少包括四个因素，即人、礼、乐和学，其中礼是内容，乐是手段，学是桥梁，人是主导和目的。不难看出，最为核心的因素是人，而学将人、礼、乐三者连接起来。教化最终是为了让人成为一个真正意义上的人，这一成人的过程关涉"人禽之辨"和"凡圣之别"两个层面，首先是教化中的人不断摆脱自然动物性，从前文明的状态进入到一个文明状态的人；其次是进一步变成一个区别于普通人的人，即士、君子、圣人等，从而成就真善美统一的理想人格。

"学"作为教化中的关键因素，在人的知行过程中贯穿，在与教的互动中习得教化的内容，从而促使人得以成人。就"教化"的目的来看，教化涉及理论和实践两个层面，理论教化主要表现为仁义礼智信等核心价值的学习和传播，实践教化则是将所习的内容践履于现实生活，"学"在这里将上述两个层面连接起来。在传统社会中，人一方面被外在的礼乐制度所化，另一方面则在日用人伦中受到他人的影响，被他者的言行所化。通过教化，既实现了个体对本已认可的价值进一步确认和坚定，同时不断剔除一些负面价值意识的影响，逐步树立起正确、健康、积极的价值理念。"教化"在日用常行之中的实现，内外交融，自然而然，不思而得，不勉而中，方为化境。

在教化过程中，"思"亦起着重要作用。"学而不思则罔，思而不学则殆"，"学"与"思"无法分离，故而"思"一方面是主体之思，另一方面展现为主体运用"思"展开"学"的过程。人心、人性是教化得以展开的基础，它为教化的展开提供了可能性，而"学"则是教化得以展开的实践过程，要将这样的可能性转化为具体的行动，"思"的作用必不可少，它作为一种认知能力内化在"学"的过程中。

"教化"的运作及实现，不仅涉及教化自身的内容和形式，而且与教化的主体（包括教化的施动者和受动者）与实际的生活情境密切相关。正是在现实的生存境遇中，人展开了自身的"在"世过程。如果忽视这一重要面向，则容易导致对"教化"的理解流于抽象的思辨，从而缺失其蕴含的丰富实践意蕴。注重"教化"与主体的密切关联，可以使对"教化"的理解落实到主体的德性培养和德行完善上，使得其回归更加契合个体的存在与发展，更加切合社会生活和共同体的需要。

"教化"的展开需依托于教化的受动者，以及进一步传播教化结果的施动者。这一点可在"礼""孝悌""乐"和"教化"的关系上体现出来，"礼"作为教化的内容最终是为了规范和引导人的行为，从而使人成为一个社会意义上的人；"孝悌"则是让人在家庭关系的处理过程中成为一个伦理意义上的人；"乐"作为教化的重要手段，之所以能成功发挥作用，是因为其植根于人之本心、本性。同时，"教化"与"思"密不可分，人通过在"世"之"思"对教化的内容和形式进行过滤、选择和接受，如此，教化不仅具有修养论上的道德意义，即与"人应该如何行动"有关，而且与"人应该如何生活"相联系，具有了生存论上的伦理意义。

那么，外在的礼乐制度是如何通过"教化"进入到人的内在精神世界？从一般意义上来看，"化"可以理解为对人之心性的改造过程，无论是通过自我的反省还是外在礼乐制度的影响，最终都是为了感化人心，改善人性，后者属于广义的教化过程。这样的过程是通过培养道德感来完成的，无论是内在的反省还是外在的引导，最终都是为了唤起人们的道德心，引领人们的道德情感找到归宿。所以，从这个意义上来说，"教化"其实是帮助人们完成自内而内（自我反省）和由外而内的道德感化过程。在这一过程中，"教化"由外及里，受动者则以里迎外，从而完成个体德性的完善和教化功能的实现。

就人本身来说，无论是怎样特殊的个体，在人心、人性上皆有共通之处。植根于这样的共通性，人们总是能够通过他者的行为和言论，感受到道德教化的力量。比如，一个人遵礼而行，虽不言不语，但是其一言一行已彰显了礼的内涵和力量。就"礼"本身而言，其内容同样植根于人的这种共通性，并因此而得以实现其化育力量的传播。如《礼记》中对于祭祀和行孝道的具体规定，就是基于人对于祖先和父母的共通性情感的基础上的，正因为这样的共通性，虽然人各不相同，但都能够用关于"祭祀"和"行孝"的礼来规范自身的行为。如果说前者涉及"知"的共通性，那么后者则关乎"行"的共通性，这使得"教化"得以在"知""行"两个层面展开并产生影响。具体来说，个体行为因为符合于"礼"的规定，因而具有普遍性，但这种普遍性并非脱离实际生活而流于抽象思辨，它同时具有有效性。它因普遍性而容易为人接受和传播，既实现其化育的功能，又彰显着规约的效力。

关于教化的实现路径，荀子通过推崇"礼"在整个社会运行过程中的突出作用完成了其对道德教化机制问题的构想。具而言之，教化过程需要"礼"的引导和规范，这一过程与"礼"相涉的同时亦与人心、人性产生密切关联。另一方面，这一过程的实现以"人"为主体依托，与前面所提及的"知""行"维度密切关联。"人"身处在"礼"所营造的外在环境中，受其影响将这些外在的规范、条文转化为自我的实际言行。一开始可能是"勉而行之"，但通过坚持不懈，循序渐进，逐渐完成了由刻意效仿到自然贯通的过程。外在的"礼"已内化为自我德性的一部分，其教化的功能也得以实现。应该看到的是，这样的过程之所以能够实现，原因在于一方面它以人心、人性的共通性为基础，具备了内在的支撑。另一方面，又有以此为基础建立起来的制度——"礼"的规范和引导，从而获得了外在的保障。可见，"教化"以"人"为主体，并进一步以人之心性的共通感为基础，内外结合最终得以完成。当我们以"人"为立足点反观上述过程时则不难发现，它不仅促进个体德性的成长、使德行不断趋向完善，而且不断促进个人与社会的融合，实现人的自然性与社会性的统一。

### 三、 教化传统的失落与回归

教化传统曾长期孕育滋养着中国人的精神世界，可反观当下的中国，不难发现教化传统的遗忘或旁落。教化不再是在教人的同时化育人，而是以生硬的说教来灌输教化的内容，而这些内容又与人的实际生活相脱节，形式的僵化和内容的疏离使得教化成为外之于人的道德胁迫，无法通过教和化，通达人的内心，成为人心之向往，并进而变成一种主动的道德诉求。也正因如此，才出现了教化的受动者对于教化予以排斥，这使得教化难以开展，从人的内心深处产生强烈的消极抵抗作用。

"教化"不应是机械地传授，也不该是强行灌输，它应是耳濡目染，化育于无形，如春雨般润物无声，我们将其称之为"濡化"。它与社会风气的熏陶相联系，在不知不觉之中完成教化过程。这一过程首先涉及行的维度。从事实层面看，外在的社会风气对人的作用远强于一般的道德说教，一个人的日常行为对他者的影响也往往要强于刻意树立起来的道德模仿，这些都与"濡化"有关。通过"濡化"个体焕发了人性的本真，完成了价值理想的追求。如此，教化就不再是一个外在于我的强制，而是日常生活中的一种样态，是个体自身的一种存在状态和内在诉求。这一过程的实现，既需要孟子说的向内用力——激发善端，又需要荀子说的向外用力——礼乐建设。

从教育到教化，前者内涵于后者之中，教育不过是促进教化的手段，教化才是教育的本质和目的。在教化自身的展开过程中，往往出现"有教无化"的状况，这正是教化与教育相混淆的结果。与"感化"强调主体不同，"濡化"更多地强调外在环境对个体的影响，《论语》中所言"里仁为美"，即关注到文明风俗对人格的塑造作用。但这两者又并非彼此分离，我们常会被一个外在的行为所感化，有所感触后就随之发生一个感同身受的过程，最后内化为自我的德性，进而展现为外在的德行。可见，"濡化"所提供的外在氛围"感化"了个体，并促使个体由外及里，完成教化过程。立足于"濡化"和"感化"的上述特点，在核心价值观的形塑过程中，国家和社会层面似应更多地倡导"濡化"的作用，个体层面则应更多地关注到"感化"的影响。

针对当今的道德状况，尤其需要克服教与化的疏离状态，强调化之于教的某种优先性，则有利于促进个性的成长，让每一个体都能追求各自的个性完善。密尔说："人之所以成为高贵而美丽的沉思对象，不是因为我们可以将个体自身独特的东西杀平为一，而是因为它在不伤害他人权利和利益的条件下唤起并培育个体所独有的东西……一个人的个性越是发展，这个人就变得对自己越有价值，从而也能够对他人越有价值。"① 因此，为了使人更具有美德，施教主体所能做的不应只是理性的说教和劝勉，而是要努力找到激发人们道德情感的方式。柏拉图在《斐多篇》（77E）中说，我们每个人心中都有童心。这份童心只是回应于故事，而不是理性论证。孔

---

① Mill, John Stuart (2003), *On Liberty*, New Haven: Yale University Press, pp. 127 - 128.

子格外重视诗和乐的化育功能，在弦歌诵读声中与弟子切磋、"言志"，这种春风化雨般的教育，是一种德性自由的表现。关于如何达成自由的德性，当代著名哲学家冯契创造性地提出了"德性自证"的概念。他认为，"德性的自证首要的是真诚，这也是中国哲学史上儒家和道家所贡献的重要思想"。儒道两家都认为"真正的德性出自真诚，而最后要复归于真诚"①。要保持真诚就要警惕各种异化现象，反对权力迷信和拜金主义。"从真诚出发，拒斥异化，警惕虚伪，加以解蔽、去私，提高学养，与人为善，在心口如一、言行一致的活动中保持自己的独立的人格、坚定的操守，也就是凝道成德、显性弘道的过程。……德性之智就是在德性的自证中体认了道（天道、人道、认识过程之道），这种自证是精神的'自明、自主、自得'，即主体在返观中自知其明觉的理性，同时有自主而坚定的意志，而且还因情感的升华而有自得的情操。这样便有了知、意、情等本质力量的全面发展，在一定程度上达到了真善美的统一，这就是自由的德性。"② 真正的教化就是要培养人们对真善美的永恒之爱，这是一个过程，一种理想，一种信念。当理想变成信念，人就会有一种自得之感，信念使人乐于从事，形成习惯，一贯地坚持理想、信念，习之既久，成为自然，成为自由的德性。

　　通过上面的分析不难看到，无论是国家社会的治理，还是伦理个体的成人，最终是要"由教而化"，"化"应为其落脚点。灵性的道德生命的发育成长，不仅根自心灵内部信仰的支撑，而且仰赖政

① 冯契：《认识世界和认识自己》，《冯契文集（增订版）》第一卷，上海：华东师范大学出版社，2016年，第35页。
② 冯契：《认识世界和认识自己》，《冯契文集（增订版）》第一卷，上海：华东师范大学出版社，2016年，第356—357页。

治伦理规范的护航。荀子即同时关注到心性基础和制度保障两个方面。既强调"化性起伪","虑积焉，能习焉而后成谓之伪"（《荀子·正名》），"无伪，则性不能自美"（《荀子·礼论》），人性能够通过人文化成（伪）而完善；又强调礼法并举，"明礼义以化之，起法正以治之，重刑罚以禁之，使天下皆出于治，合于善也"（《荀子·性恶》）。教化的展开，一方面要依靠制度规范的不断完善，另一方面要与民生的改善相结合，所谓"有恒产者有恒心"。这样才使得教化既有心性论的根基，又有现实制度的保障，这样的教化才能够言之有力，行之有效，从而范导社会的公序良俗。

当下的中国需要教化精神的回归，通过强化对精神信仰、伦理道德、社会风尚的引领，培育国民对主流价值和共同信念的归属感。社会主义核心价值观是中华民族的精神钙质，承载着中华民族最深层的精神追求。价值观是文化的核心，文化是民族的血脉。对于教化的理解，同样需要我们不断唤醒和省思民族的历史文化记忆，从道德理想主义的桎梏中解放出来，从本体论、生存论和社会实践的意义上来思考和重构教化传统，发挥以文化人的教化功能，使教化真正成为生活的形式，成为形塑中华民族价值世界和精神家园的力量源泉。

## 第三节　市场时代的儒学复兴与秩序重建

今天我们对以儒学为主导的民族文化传统的推重，绝不纯然是发思古之幽情，而是寄寓着深沉的时代意识和现实关怀。我们对时代问题的求索，总是关联着对传统的追问：什么是弘扬传统文化的当务之急？我们究竟需要什么样的儒家传统？怎样理解和建构中国人独特的精神世界？下文将从市场时代的儒学复兴与秩序重建这一视角，对儒家伦理遗产的继承与超越问题做出进一步探讨。

## 一、 何谓市场时代？

四十多年持续的改革开放，市场机制从计划体制中释放出来，极大地激发了我国的经济活力，创造了中国经济奇迹。市场和市场观念得到了普遍认同，直接促进了经济发展和社会繁荣。借用桑德尔的区分，市场经济是一个工具，一个组织生产活动的宝贵又高效的工具。市场社会是一种生活方式，它意味着市场价值和金钱将主导生活的每个角落。主要有以下表征：

第一，市场不再是一个简单的交换场所，而是整个社会构成了市场。市场不再单纯是一种资源配置模式和经济调节机制，而是一种社会组织机制。市场不再仅仅是社会经济的基石，而是社会秩序的操纵者。市场和市场价值观渗透到社会生活的各个方面，以一种前所未有的方式主宰了我们的生活方式、思维方式、交往方式和行动能力。几乎所有的东西都可以拿来买卖，包括无私的亲情和纯洁的爱情。市场这只看不见的手，俘获了我们的双手和大脑。

第二，市场逻辑广泛地渗透到非市场领域，对原本属于非市场统辖的领域造成了严重侵蚀。市场关系侵蚀到教育、医疗、宗教等非市场领域，使教师与学生、医生与病人的关系也可能异化为商品交换关系，有的和尚、法师也成了商人，打着信仰和慈善的旗号肆意贪婪。随着市场关系的扩张，使市场原则扩展到了非市场领域的人际关系，人与人之间只讲竞争，不讲互助和合作，人际关系单一化为竞争关系，"社会达尔文主义"侵蚀着社会肌体。

这是一个一切都需要待价而沽的时代，"道德律令"被"金钱律令"所取代，"先到先得"被"花钱即得"所取代。道德被利益所绑架，被利益所驱赶。物欲遮蔽人心，利益腐化德性，社会上出现了伦理失序和道德危机状况。可见，市场是一把双刃剑。既有优化配置资源的作用，也有腐蚀人心的可能；既带来了富足的生活，也消解着生活的意义；既延长了生命的长度，也降低了生命的品位和情感的温度。值得追求的好的生活，应该有多重维度，至少需要满足人类基本的道德伦理和精神需求。然而，对市场的盲目膜拜，却让我们付出了高昂的代价，大大削弱了我们追求"良善生活"的基本能力。

总之，市场关系的无限扩张正严重地影响着传统文化和传统伦理文化的社会基础和思想基础。从根本上阻碍儒学中"廉洁""民本""贵仁""重义""贵和""孝慈"等优秀传统伦理的继承。传统的精神文化和历史文物被商品化，成为商品的符号和谋利的手段，破坏了儒家文化赖以继承的物理载体。

## 二、 儒学复兴何以可能？

在市场关系无孔不入的时代情境下，儒学所倡导的伦理价值观，所代表的中国传统伦理文化还能不能获得继承、发扬和光大？儒学复兴是否可能，如何可能？

儒学传统绵延两千多年，虽历经磨难，仍不断推陈出新，保持着强大的生命力。这是作为精神传统的儒学。"传统是一个社会的文化遗产，是人类过去所创造的种种制度、信仰、价值观念和行为方式等构成的表意象征；它使代与代之间、一个历史阶段与另一个历史阶段之间保持了某种连续性和同一性，构成了一个社会创造与再创造自己的文化密码，并且给人类生存带来了秩序和意义。"①
美国学者希尔斯将传统分为"实质性传统"和非实质性传统，所谓
"实质性传统"，是人类原始心理倾向的表露，如对祖先和权威的敬
重、对家乡和故土的怀恋、对家庭和亲情的眷念等。大多数人天生
就具有这种需要，缺少了它们人类便不能生存下去。在儒家文化中
就有许多这样的"实质性传统"，也就是我们说的"古今通理"，如
"父慈子孝""和而不同""仁者爱人""己所不欲，勿施于人"等
等。这些古今共通之"理"，是儒家文化在其历史传承过程中积淀
下来的一系列为民族群体认同的价值观，对社会共同体的生存和发
展具有普遍的意义。正是这些"古今通理"成为儒学可能实现复兴
的文化基因。这个基因是儒学之神，儒学之魂。

　　实质性传统之所以长期受到人们的敬重和依恋，并对人们的行
为具有强大的道德规范作用，是因为这些传统往往具有一种神圣的
克里斯玛（Charisma）特质。这种特质不仅是指那些具有超凡特质
的权威及其血统能够产生神圣的感召力，而且指向社会中的一系列
行动模式、角色、制度、象征符号、思想观念等，由于人们相信它
们与"终极的""决定秩序的"超凡力量相关联，同样具有令人敬
畏和依从的神圣特质。这样，在社会中行之有效的道德伦理、法
律、规范、制度和象征符号等或多或少被注入了与超凡力量有关的
克里斯玛特质。② 一种传统如果失去了其克里斯玛特质，随着神圣
性和超凡性的褪去，也就逐渐失去了对人们行为的规范作用和道德
感召力了。传统的伦理规范、制度和象征符号一旦丧失了其克里斯

---

① ［美］爱德华·希尔斯：《论传统》，傅铿、吕乐译，上海：上海人民出版社，译
序第 2 页。

② ［美］爱德华·希尔斯：《论传统》，傅铿、吕乐译，上海：上海人民出版社，译
序第 4 页。

玛特质后，便失去了维系社会成员遵守共同规范和道德理想的力量，人们往往会感到无所适从，不知所措，人们的社会行为会处于一种失范状态。

按照马克斯·韦伯的观点，现代化的内核就是理性化。伴随现代性而来的市场化、法制化等理性化趋势，大大冲淡了儒学传统中的克里斯玛色彩，以契约和货币为基础的市场经济摧毁了牧歌式的田园生活和乡土社会中的家庭关系。儒学与世界各文明各教派，都具有较好的相容性，这是儒学的一个显著特点。儒学适应了人类社会生存的基本道德要求，它不是外在灌输和强加的，而是出于人类社会道德生活自身的内在需求，至今仍有强大的生命活力和存在价值。儒学在今天，仍可成为人类共享的文明财富和人类道德的基础，符合人类自身及其和平发展的需要，而具有超越的普遍的适用性。它将有助于把人类带入一个和平稳定进步繁荣和谐文明的新时代。①

当前持续高涨的儒学热，正是与社会道德生活日益沉沦的严峻现实密切相关。随着市场化的推进，规范伦理远远不足以应对当前的道德生活。现代社会的道德危机是一个世界性的文化现象，在急剧转型期的中国表现尤为突出。把儒学作为一种可资利用的美德伦理资源，诚乃传统儒学获得重生的一个时代契机。万俊人曾精要分析了美德伦理复兴的基本条件：连贯的文化传统，是美德伦理得以生长的文化土壤；而连贯的道德谱系，是真正具有权威性、实践可信度又普遍有效的道德原则。只有在特定的文化共同体背景或语境中，美德的价值尺度和标准才能确定并能获得充分连贯的历史解释

---

① 陈荣照：《儒家普世伦理与现代社会》，《第五届世界儒学大会学术论文集》，北京：文化艺术出版社，2013年，第129页。

和权威力量。① 只有接续文化传统和道德谱系，我们才能在现代中国光复以儒家为主体的美德伦理。

### 三、 如何重建市场时代的伦理秩序？

在市场无限扩张的态势下，在现代性的铁笼中，伴随着传统社会结构的全面解体，从整体上讲儒学复兴面临着多方面的挑战和困境。市场社会需要重构它所依托的伦理道德基础。儒家伦理的合理内核为重塑市场社会的伦理道德基础提供了文化本源，儒学注重效率和公平，工具理性和价值理性的和谐统一，强调以互助、关爱为核心的伦理精神，这正是儒家传统中超越西方自由主义的可贵之处。儒学在伦理秩序重建方面，既有现实可能性，也有预期可能性。市场时代的秩序困境表现为外在的伦理失序和内向性的心性失序。秩序重建由此展现为两个层面的双重追求：生活世界的伦理秩序和意义世界的心性秩序。

首先，从社会生活秩序来看。中国传统社会是一个等级制的秩序结构，它依靠伦理型的文化网络，确立起整个传统社会的礼治秩序。这种以宗法等级和伦理政治为基础的礼制秩序对中国社会影响深远，一方面表达了对人的价值和尊严的肯定，有益于促进伦理共同体的稳定和发展。另一方面，礼制对整体秩序至上性的推崇，也容易导致专制主义，泯灭创新精神。由此决定了现代中国由人治走向法治的艰难。

现代社会是一个崇尚权利平等的社会，以市场为主导的社会需要确立起以法治为基础的社会秩序。但科层制、层级化的治理结构

---

① 万俊人：《美德伦理如何复兴？》，《求是学刊》2011年第1期，第47—48页。

依然为现代社会所普遍采用。儒家关于"义分则和"的有序和谐的制度伦理思想，经过现代性洗礼和改造，对于当今社会仍然是适用的。从基本社会结构来看，虽然家族、宗祠之类的民间伦理秩序形式上已不复存在，但家庭依然是伦理生活的基本单位，是伦理规范的载体，家的观念依然牢固，人们依然重视血缘亲情，对家的眷恋、对乡土的怀念之情依然根深蒂固。长幼有序、尊老爱幼的双向义务伦理模式，依然是维持社会稳定和谐的向心力、粘合剂。现代社会的各种社区学校、行业协会、民间团体等文化空间和组织形式，也发挥着传统伦理共同体的某些作用。这种社群伦理结构在形塑、规约社会生活秩序的同时，也赋予个体存在以意义和家园感。

其次，从意义世界的秩序重建来看。心性失序在市场时代的主要表现是精神与价值层面的无所敬畏，信仰缺失，诚信危机。消费主义甚嚣尘上，势荣逐渐取代了义荣，纵欲浮泛为时代的风气与荣耀。

如何克服感性欲望的过度泛滥？荀子独特的"治心之道"提供了发人深省的解困思路，值得格外关注。他从自然情欲论出发，认为情欲作为人的先天属性，是无所谓善恶的。"凡语治而待去欲者，无以道欲，而困于有欲者也。凡语治而待寡欲者，无以节欲，而困于多欲者也。有欲无欲异类也，性之具也，非治乱也。欲之多寡异类也，情之数也，非治乱也。"（荀子·正名）欲的多寡不是导致社会治乱的根由，关键是要能够以理制欲。"圣人纵其欲，兼其情，而制焉者理矣。……此治心之道也。"（《荀子·解蔽》）荀子一方面强调"天性有欲，心为之制节"。"故欲过之而动不及，心止之也。心之所可中理，则欲虽多，奚伤于治？欲不及而动过之，心使之也。心之所可失理，则欲虽寡，奚止于乱？故治乱在于心之所可，亡于情之所欲。不求之其所在，而求之其所亡，虽曰我得之，失之矣。"（《荀子·正名》）以理性主导感性，使感性欲望符合道德法则。另一方面，又强调礼义之道和师法之化的重要性。"然则从人之性，顺人之情，必出于争夺，合于犯分乱理，而归于暴。故必将有师法之化，礼义之道，然后出于辞让，合于文理，而归于治。"（《荀子·性恶》）可见，荀子很早就同时关注到了心性基础和制度伦理两个方面。既重视"化性起伪"，人性能够通过人文化成而趋于完善；又主张礼义并举，试图为心性秩序的建设提供伦理制度的担保。

市场的发展离不开必要的人文条件。虽然马克斯·韦伯对儒家伦理的论断有许多误解和偏颇，但他无疑深刻地揭示了经济发展所必需的精神文化要素。约翰·泰勒也格外重视市场经济所赖以发生的文化因素，指出必须考察经济共同体中通过权利、道德、伦理等建立起人们之间的正常预期所必须首先具备的条件，这是我们的共同体赖以建立的道德基础。① 基于儒家思想传统认同的伦理群体关系网络，是民族文化共同体存续发展的精神纽带。

## 四、 我们究竟需要什么样的儒家传统？

一个良性发展的社会系统，首先需要确立起健全的基本价值导向，即核心价值观。在一系列的核心价值中，还应明确更为根源性、根本性的价值。如果说，"正义"是西方社会思想世界的基本价值坐标，那么支撑中国人观念世界的基石便是"仁"。"仁"既是

---

① ［美］V. 奥斯特罗姆等：《制度分析与发展的反思：问题与抉择》，北京：商务印书馆，1992年，第291页。

德性之首，也是一切德性的总和。

仁是儒家思想的核心范畴。在先秦儒家那里，仁既是一种伦理规范，又标识着理想的人格境界。宋明儒者对先秦仁学的发展，首先是大大地拓展了仁爱的对象范围。先儒的"仁者爱人"，到了宋儒那里则是"民胞物与"，"浑然与物同体"，不仅推己及人，而且推己及物，仁者情怀更其宽广。更为重要的是，宋明儒者进一步提升到宇宙本体论的高度，对仁学做了形上学的说明和论证。"仁"既是人之所以为人者，又是宇宙生生之理。张载曾提出"仁通极于性"的命题，仁开始具有本体意义。至程颢，则开始用一个"仁"字统摄义、礼、智、信，使之成为人性全体，从而把仁提升为宇宙本体和心本体。张栻哲学则以"性"为本体，主张性外无物。他把"性"解释为善，善是性的本质属性，"其善者天下之性也"。"人之性仁、义、礼、智四德具焉。其爱其理则仁也，宜之礼则义也，让之礼则礼也，知之理则智也。是四者，虽未形见，而其理固根于此，则体实具于此矣。性之中只有是四者，万善皆管乎是焉。"（《张栻文集·仁说》）在张栻那里，仁与公、理、义处于同一价值序列，通过对义利、公私、理欲等关系义项的界说，完成了其仁学内核的基本架构。在理与欲、义与利、公与私等价值观念的冲突中，宋儒的总体倾向是强调理、义、公的方面。他们对仁学思想的阐发，仅仅限定于德性涵养等伦理之域，对人性能力的理解，也主要囿于以伦理世界为指向的德性之知，将外在道德秩序的建构过分寄托在内在德性的培养上，不免使价值世界流于抽象、玄虚、空泛的精神受用或精神承诺。

合理的道德价值结构，应该超越功利论与道义论的对立，体现功利原则与道义原则、外在功利价值与内在精神价值，以及工具性与目的性三者的统一。不难看到，正统儒家持守的是典型的道义论立场，主张"正其谊不谋其利，明其道不计其功"，"不论利害，唯看义当为不当为"，强调道德的内在价值，忽视道德的功利价值，以普遍性的道德法则、以群体本位压抑了个体利益和个性发展。"学者潜心孔孟，必得其门而入，愚以为莫先于义利之辨，盖圣学无所为而然也。无所为而然者，命之所以不已，性之所以不偏，而教之所以无穷也。凡有所为而然者，皆人欲之私，而非天理之所存，此义利之分也。"（《南轩文集·孟子讲义序》）张栻以"性理"来规定"义"，意味着为"义"的至上性提供了本体论的根据，"义"被赋予当然之则的意蕴，成了无条件的道德命令。由此，义利之辩演变为一般意义上的理欲之辩。

儒家的理欲之辩，既是伦理学问题，又是心理学问题。从心理学角度讲，理欲既可泛指人格结构和心理世界中理性与非理性的关系，又可特指理性和欲望的关系。[①] 朱熹认为，"仁义根于人心之固有，天理之公也。利心生于物我之形相，人欲之私也。循天理，则不求利而自无不利；殉人欲，则求利未得而害己随之"[②]。张栻进而主张"天理人欲，同行异情"。人欲存于性中，人欲不可去。顺性而发，便是理、义；有为而然，则是欲、利。天理人欲虽为一体，但仍可以从行为的动机上加以区分。道义和德性来自天理，而追逐私利则源自人的欲望。然而，真正的道德行为，一方面应出于人性的自然要求，另一方面，要合乎社会的当然之则。从理论上说，理学家有一个致命的弱点，即把当然之则形而上学化为天理，把当然之则等同于自然的必然性。脱离了人性的自然要求，违背了人性发展的人道原则。

在宋儒看来，公相对于私，具有一种天然的价值优先性。理义

---

① 参见付长珍：《宋儒境界论》，上海：上海三联书店，2008年，第36页。
② 朱熹：《四书章句集注》，北京：中华书局，1983年，第202页。

者，天下之公也。"公"即宗法制度和纲常名教，包含着对社会既定秩序与规范的肯定，成为士人自我认同的道德根源。同时，他们对公私关系的认识，亦不再局限于一个二元对立的模式里。按照沟口雄三的说法，宋代以后，中国社会开始进入前近代化，由贵族制度向平民社会转型。"私"虽然尚未获得和"公"同样的伦理正当性，但对"私"的认同观念有所上升。从理学家关于公私观念的分野，我们似可看到这一思想转向的端倪已经萌生。

宋明儒者充分肯定了理性自觉在成人过程和道德教育中的作用，既需要对道德规范有自觉的理性认识，又需要保持明觉的心理状态。程朱一系极为重视道德日常规范践履，主敬涵养和格物穷理互为发用，形成了一套系统的精神修养方法。张栻早期主张"察识端倪"，后期主张察识与涵养相须并进。通过察识涵养工夫，自觉体认道德规范的合理性，以明觉的状态，在日用人伦中践行规范。然而，"道德规范在规范行为的时候，不能是死板的教条和框框，要出于爱心来掌握它，生动地构想出来，灵活地贯彻于行动"[1]。理学家对理性原则的过分倚重，同时也意味着遮蔽了意志、情感等非理性因素的重要性，必然使人格的丰富要素简单化、抽象化和平面化了。

当代著名哲学家冯契指出，道德行为的特点是要把合理的人际关系建立在"爱"的基础上，建立在自觉自愿的基础上。理学家肯定人的价值与尊严，突出了道德选择中的理性自觉原则，但对自愿原则普遍不免有所忽视。"真正自由的道德行为就是出于自觉自愿，具有自觉原则与自愿原则统一、意志和理智统一的特征。一方面，

---

[1] 冯契：《人的自由和真善美》，《冯契文集（增订版）》第三卷，上海：华东师范大学出版社，2016年，第171页。

道德行为合乎规范是根据理性认识来的，是自觉的；另一方面，道德行为合乎规范要出于意志的自由选择，是自愿的。只有自愿地选择和自觉地遵循道德规范，才是在道德上真正自由的行为。这样的德行，才是以自身为目的，自身具有内在价值。这样的道德行为才是真正自律的，而不是他律的。"[①] 通过实践活动，习以成性，最后达到自然，而出于德性自然的道德行为，又使现实世界合乎道德规范。这样个体的道德境界与现实的社会伦理秩序、道德秩序才是统一的，以此为基础的道德规范才真正具有社会整合作用。如杜尔凯姆所言，道德规范的特点在于它们明示了社会凝聚（social solidarity）的基本条件。[②] 道德规范明确了共同体成员的责任和义务，形成普遍的约束机制和舆论环境，并为社会成员的正当权益提供担保。道德规范既是对秩序的维护，又是对失序或失范的抑制，它通过外在的舆论谴责和内在的良心责备，参与道德制裁的过程，促使越界者不断弃恶从善。

面对市场时代的伦理困境，要重塑社会的道德规范系统，必须自觉开辟金钱失效的领域。通过划清市场的边界，遏制市场关系的无限扩张。腐败与道德是两种根本对立的动力机制，只有在体制、法制、纪律、舆论上遏制了腐败，才能遏制市场关系对政治、教育、学术、法律等非市场领域的侵蚀。桑德尔指出要重新划定市场规范的边界，必须通过激起公众参与的广泛讨论。通过广泛讨论的方式，把道德观念与伦理价值重新找回来，从而在具体的问题和语

① 冯契：《人的自由和真善美》，《冯契文集（增订版）》第三卷，上海：华东师范大学出版社，2016 年，第 173 页。
② Emile Durkheim（1975），*On Morality and Society*，University of Chicago Press，p. 136.

境中去界定市场的边界。① 否则，我们这个时代与社会的价值，就会像作为金钱符号的货币一样，不可避免地贬值下去。

总之，我们要从现代性的内在紧张中，去认识儒学的优秀内涵，弘扬儒学对救治现代性弊病的诊疗价值。理学家重义、尚公、贵和的理性精神，"天人合一"的生态智慧等，对于克服过度市场化带来的物欲横流、金钱至上等社会阵痛，无疑具有积极的意义，也是儒学可以为世界文明的发展做出独特贡献的要素。在过度世俗化的时代，如何重建市场社会的伦理秩序？在现代化取得巨大成功的同时，如何守护生命的本真和生活的意义？这些问题应该成为我们思考儒学能否复兴、如何复兴时必须关注的深层次问题。

---

① 参见［美］桑德尔：《金钱不能买什么——金钱与公正的正面交锋》，邓正来译，中信出版社，2012年，导言部分。涂可国也认为，纯粹的市场经济行为是一种无所谓善恶的非道德行为，市场经济对社会道德既有正面影响又有负面作用，在市场经济系统内部可以也应该划出市场伦理行为和非市场伦理行为，以充分发挥道德对具有伦理性的部分市场经济行为的调节职能。涂可国：《全面把握市场经济与社会道德的关系》，《东岳论丛》1996年第5期。

# 第三章

中国式现代化与
个体伦理重构

现代化的核心主题是人的现代化，其目标是使现代人过上美好生活。中国式现代化是以人的现代化为核心的现代化，西方现代化是以资本逻辑为中心的物的现代化。马克思深刻指出了资本逻辑的实质，"它把人的尊严变成了交换价值，用一种没有良心的贸易自由代替了无数特许的和自力挣得的自由"①，以牺牲人的主体性和自由价值为代价，"人的社会关系转化为物的社会关系；人的能力转化为物的能力"②，从而使人的关系受制于物的关系，人的物化和个人主义的排他式竞争是对人的本质价值的漠视。中国式现代化是以人民为中心的现代化，以人的全面发展为价值目标，充分彰显人的价值尊严和主体能动性。中国近代开始的"道德革命"，特别是改革开放以来伦理—道德的巨大变革，权利、平等、自由等现代价值观念逐步确立起来，我们需要探寻一条"个人独立性"与"社会有机体"相统一的伦理路径，更好地促进个体价值成长与社会文明进步协调发展。

## 第一节　从"新民"到"新人"

"国民"话语是近代以来中国启蒙思潮演进的主题。民族主义意识的觉醒和建立现代民族国家的诉求是国民话语不断得以重构的重要思想前提。如何培育具有现代民主意识的新国民，凝结了数代中国知识精英的共同追求与探索。从某种意义上说，一部中国近代史就是对国民性进行检讨和改造的历史。"持续紧张的民族危机是国民性改造思潮兴起并不断发展的最深层次社会原因，它促使先进

---

① 《马克思恩格斯文集》第2卷，北京：人民出版社，2009年，第34页。
② 《马克思恩格斯文集》第8卷，北京：人民出版社，2009年，第51页。

的知识分子由力主物质局面的现代化而逐渐摸索到国民性改造的
'救命稻草'."① 五四一代知识分子肩负着救亡图存与思想启蒙的
双重使命，既是追求个性解放的启蒙者，又是抵御外敌侵略的爱国
者。徘徊挣扎于人权与主权的双重挑战中，陈独秀实现了从民族主
义者到自由主义者的艰难蜕变。作为"五四运动的总司令"的陈独
秀，在批判反思中国国民性问题的基础上，指出了重构现代新国民
的多重维度，拓展了国民话语的理论内涵，开启了中国国民性论争
的新篇章。

## 一、 现代性的国民想象

中国古代虽然很早就有"国民"一词②，但近代意义上的国民
却甚为晚成，诚如梁启超所说"中国人不知有国民也，数千年来通
行之语，只有以国家二字并称者，未闻有以国民二字并称者"③。
甲午战争后，空前深重的民族危机和优胜劣败的残酷现实，强烈地
刺激着中国人国民意识的觉醒，"昔者不自知其为国，今见败于他
国，乃始自知其为国也"④。对于 20 世纪初的中国来说，"有国民
乎，无国民乎，此二十世纪之一大问题也。中国而有国民也，则二
十世纪之中国，将气凌欧美，雄长地球，固可跷足而待也。中国而
无国民也，则二十世纪之中国，将为牛为马为奴为隶，所谓万劫不
复者也。故得之则存，舍之则亡。存亡之机间不容发，国民之不可

---

① 郭汉民、袁洪亮：《近代中国国民性改造思潮简论》，《广东社会科学》2000 年
第 6 期，第 93 页。
② 《左传·昭公十三年》中，即有"先神命之，国民信之"的说法。
③ 梁启超：《饮冰室合集·文集之四》，中华书局，1989 年，第 56 页。
④ 梁启超：《饮冰室合集·文集之三》，中华书局，1989 年，第 67 页。

少也如是"①。《说国民》开篇即写道:"今试问一国之中,可以无君乎? 曰可。民主国之总统,不得谓之君,招之即来,挥之即去,是无所谓君也。又试问一国之中可以无民乎? 曰不可。民也者,纳其财以为国养,输其力以为国防,一国无民则一国为丘墟,天下无民则天下为丘墟。故国者民之国也。"② 可见,20世纪初知识界对国家、种族的认同已经超越了对王朝、君主的归属,"开通民智""塑造国民"已经成为众多知识分子的共同心声。

"国民程度不逮"问题,遂成为舆论界长期争论的一个中心话题。时任民国政府法律顾问的美国古德诺,于1915年8月发表《共和与君主论》一文,论证君主制比民主制更适合中国。认为中国国民程度太低,不能适应民主政治的需要。"中国数千年以来,狃于君主独裁之政治,学校阙如,大多数之人民智识不甚高尚,而政府之动作,彼辈绝不与闻,故无研究政治之能力。四年以前,由专制一变而为共和,此诚太骤之举动,难望有良好之结果者也。"③古德诺虽然意在为君主专制寻找注脚,然而其对当时中国国民程度的揭示并非全无道理。梁启超在《一年来之政象与国民程度之映射》中也表达了类似的看法:"吾党夙鼓吹革政,而又常以人民程度未至为惧,急进之士以为诟病,谓是侮吾民也。数年以来,政名屡易,政象滋棼,论世者探本穷源,亦渐知人民程度之高下与政治现象之良窳,其因果盖相覆矣。"④

---

① 《说国民》,张枬、王忍之主编:《辛亥革命前十年间时论选集》(第一卷),北京:三联书店,1960年,第74页。

② 佚名:《说国民》,《国民报》1901年6月第2期。

③ 古德诺:《共和与君主论》,见刘成禺著,宁志荣点校:《洪宪纪事诗本事簿注》,太原:山西古籍出版社,1997年,第96页。

④ 王德峰编选:《梁启超文选》,上海:上海远东出版社,2011年,第155页。

对于国民程度不足的忧虑，在陈独秀那里得到了回应。陈独秀洞察到中国国民意识的薄弱，"我们中国社会经济的民治，自然还没有人十分注意；就是政治的民治，中华民国的假招牌虽然挂了八年，却仍然卖的是中华帝国的药，中华官国的药，并且是中华匪国的药；（政治的民治主义）这七个好看的字，大家至今看了还不大顺眼"[①]。国民对新兴的政治观念和模式还相当隔膜，国人的价值观念、文化性格、心理习惯和思维模式等未能发生变化。

1914年陈独秀在文章中称：今吾国之患，非独在政府。国民之智力，犹面面观之，能否建设国家于二十世纪，夫非浮夸自大，诚不能无所怀疑。[②]要想达到社会政治革命的成功，就必须首先重新塑造国民意识，使之与社会政治革命所达成的新制度相适应。这也是陈独秀、胡适和鲁迅等五四精英人物比较普遍的想法，他们将一代人的努力方向引导到思想文化启蒙和国民性批判上来。

在陈独秀看来，真正要救国，唯有再造国民，再造国民应从造就一代"敢于自觉勇于奋斗之新青年"开始。五四启蒙者选择青年作为启蒙的首要对象，将青年国民视之为国民中强有力的部分。陈独秀在《青年杂志》发刊词中写道："予所欲涕泣陈词者，惟属望于新鲜活泼之青年，有以自觉而奋斗耳。自觉者何？自觉其新鲜活泼之价值与责任，而自视不可卑也。"在《吾人最后之觉悟》一文中称："此觉悟维何？请为我青年国民珍重陈之。"从青年之精神解放入手而改造国民性的启蒙主义，构成了陈独秀重塑理想新国民的重要前提和基本语境。

---

① 滕浩主编，陈独秀著：《民国文化经典书馆·陈独秀经典》，北京：当代世界出版社，2016年，第80页。
② 滕浩主编，陈独秀著：《民国文化经典书馆·陈独秀经典》，北京：当代世界出版社，2016年，第62页。

1. 国民之自觉心

所谓自觉，就是一种自我反思、自我觉醒的能力。通过思想和文化启蒙，来增强国人的自觉意识，是五四时代知识分子一场集体共鸣式的政治觉醒。"惟有自觉，性灵于是乎广远，人道于是乎隆施，人间之意识于是乎启发，人类之光荣乃显焉。无自觉者必无国家，有之亦犹丧源之水，其涸固旦暮间耳。"[1] 国民对于政治上的自觉，兴国不在国家，而在国民之自觉。

梁启超认为自觉心是国民必备的内在素质。"国民贵有自觉心。何谓自觉心？吾先哲所谓'自知者明'即其义也……凡能合群以成国且使其国卓然自树立于世界者，必其群中人具有知己知彼之明者也。若是者，无以名之，名之曰国民自觉心。"[2] 张东荪提出"人格自觉"的问题。"自我实现者，以小己之自觉，而求为合乎世界之发展也，其前提则为有发展之能力与自觉之活动。于是凡有发展与自觉之能力，得为自我实现者，是为有人格"[3]。

1914年，陈独秀在《甲寅》杂志发表了题为《爱国心与自觉心》的文章。"今之中国，人心散乱，感情智识，两无可言，惟其无情，故视公共之安危，不关己身之喜戚，是谓之无爱国心；惟其无智，既不知彼，复不知此，是谓之无自觉心。国人无爱国心者，其国恒亡，国人无自觉心者，其国亦殆，二者俱无，国必不国。"认为中国人缺乏一种自觉心，即自觉国家的目的和情势，如果没有这方面的自觉，就只能是盲目的爱国。在陈独秀看来，爱国心是情

---

① 旒其：《兴国精神之史曜》，张枬、王忍之编：《辛亥革命前十年间时论选集》第三卷，北京：生活·读书·新知三联书店，1978年，第298页。
② 梁启超：《敬举两质义促国民之自觉》，《大中华》第一卷第七期，1915年，第1—2页。
③ 张东荪：《行政与政治》，《甲寅》第一卷第6号。

感的产物，而自觉心是理智的产物。"爱国者何？爱其为保障吾人权利谋益吾人幸福之团体也。自觉者何？觉其国家之目的与情势也。是故不知国家之目的而爱之则罔，不知国家之情势而爱之则殆，罔与殆，其蔽一也。"① 只有把自觉心与爱国心结合起来，才是真正的爱国，才是现代的自觉的爱国主义。

对于陈独秀一代的五四启蒙知识分子来说，爱国主义必须符合启蒙的基本价值，其民族主义更多的是一种基于启蒙价值的公民民族主义或公民爱国主义②。他们以民主主义诠释民族主义，以自由民主的政治原则为民族国家认同的基础，民族国家作为文化共同体的意义被不同程度地弱化或消解。

2. 政治与伦理的双重觉悟

陈独秀提出要提高国民的基本品性，争取有一国国民之资格，进而造就国民的觉悟，从政治的觉悟到伦理的觉悟，这些构成了陈独

① 《爱国心与自觉心》，《甲寅》第一卷第四号，1914年11月10日。1915年8月，李大钊发表题为《厌世心与自觉心》的文章，对陈独秀的《爱国心与自觉心》一文做了评论，认为陈文厌世之心嫌其太多，自觉之义嫌其太少，并进而对自觉的含义做了发挥。他认为："自觉之义，即在改进立国之精神，求一可爱之国家而爱之，不宜因其国家之不足爱，遂致断念于国家而不爱。更不宜以吾民从未享有可爱之国家，遂乃自暴自弃，以侪于无国之民，自居为无建可爱之国之能力者也。"因此，"吾民今日之责，一面宜自觉近世国家之真意义，而改进其本质，使之确足福民而不损民，民之于国，斯为甘心之爱，不为违情之爱。一面宜自觉近世公民之新精神，勿谓所逢情势，绝无可为，乐利之境，陈于吾前，苟有为者，当能立致。惟奋其精诚之所至以求之，慎勿灰冷自放也。"《李大钊文集》上册，北京：人民出版社，1984年，第146、149页。

② 张灏："以中国当时的国势环境而论，几乎每一个知识分子都多多少少是一个爱国主义者。即令陈独秀，当时深感爱国主义的情绪有干扰中国人的思想自觉和启蒙，也不得不承认他在原则上赞成爱国主义。可是，民族主义有别于爱国主义，前者是指以民族国家为终极社群与终极关怀的思想与情绪。就此而言，我们很难说，五四的思想空气是受民族主义的全面笼罩。因为，刻意超越民族意识的世界主义，也是五四新思潮的一个特色。"张灏：《重访五四——论五四思想的两歧性》，《开放时代》1999年第2期，第16页。

秀改造国民性的一整套目标层次说。陈独秀在《吾人最后之觉悟》中，对促使国民觉悟这一启蒙的直接目标，做了全面、明确的阐述。

"自西洋文明输入吾国，最初促吾人之觉悟者为学术，相形见绌，举国所知矣；其次为政治，年来政象所证明，已有不可守缺抱残之势。继今以往，国人所怀疑莫决者，当为伦理问题。此而不能觉悟，则前之所谓觉悟者，非彻底之觉悟，盖犹在惝恍迷离之境。吾敢断言曰：伦理的觉悟，为吾人最后觉悟之最后觉悟。"[①]

陈独秀通过对中国现代化在挫败中艰难行进历程的反省，提出国民觉悟由学术而政治，再到伦理渐次演进的过程，揭示了中国现代性启蒙的历史逻辑。陈独秀的"伦理的觉悟论"之启蒙主义是通过剖析文化根源而展开的。高力克认为，陈独秀的启蒙主义，表征着晚清以来变革思想由政治而文化的激进化。通过对中国现代化过程的反思，陈独秀认识到，文明是整体的，对于富强的西方现代文明之树来说，船坚炮利是其枝叶，宪政制度是其树干，而价值观念才是其根基。没有多数国民之价值观念的转变，共和制度就成了无本之木。以道德革新之"伦理的觉悟"为"彻底的觉悟""最后觉悟之最后觉悟"，表明了陈独秀之注重思想改造的唯文化论取向。[②]傅斯年进一步将此发展为"四觉悟说"："中国人从发明世界以后，这觉悟是一串的：第一层是国力的觉悟；第二层是政治的觉悟；现在是文化的觉悟，将来是社会的觉悟。"[③] 傅斯年将关注的重心放在了社会的觉悟上，认为只有以社会的培养促进政治，才算有彻底

① 陈独秀：《吾人最后之觉悟》，《青年杂志》第一卷第六号，1916 年，第 4 页。
② 高力克：《新文化运动之纲领——论陈独秀的〈吾人最后之觉悟〉》，《天津社会科学》2009 年第 4 期，第 130 页。
③ 傅斯年：《时代与曙光与危机》，载《傅斯年全集》第一卷，长沙：湖南教育出版社，2003 年，第 349 页。

的觉悟了。

通过对西方民主主义理论的深入思考和探索，陈独秀意识到民主政治不能停留在一个外在的架构上，否则很容易蜕变为走向独裁复辟的工具，要实现国民在意识形态领域的合法性支持，必须经过一场彻底的思想启蒙运动，以实现国民意识的改造。从理想之民到现实之民的关注的转变，引发了公民意识的酝酿和新一轮国民性探讨的涌动。

## 二、 现代个体精神特质

陈独秀对现代理想新国民模式的探索，与他对传统国民劣根性的深刻剖析和无情鞭策紧密相连，构成了"一体两面"的格局。面对日益严重的民族危机，陈独秀苦苦求索着中国衰败的根源和出路，"我越思越想，悲从中来。我们中国何以不如外国，要被外国欺负，此中必有缘故"[①]。1901—1902年，陈独秀连续两次东渡日本，在那里接触到西方的政治社会学说，把造成中国民族危机的原因归结于国民性质的"好歹"，"不是皇帝不好，也不是做官的不好，也不是兵不强，也不是财不足，也不是外国欺负中国，也不是土匪作乱，依我看起来，凡是一国的兴亡，都是随着国民性质的好歹转移"，"我们中国人，天生有几种不好的性质，便是亡国的原因了"[②]。

陈独秀在《东西民族根本思想之差异》和《我之爱国主义》等文章中，将国民性问题的讨论推向了一个新的语境，国民性被放大

① 《说国家》，1904年6月14日，《安徽俗话报》第5期，署名：三爱。见任建树主编：《陈独秀著作选编》第一卷，上海：上海人民出版社，2009年，第44页。
② 《亡国篇》，1904年12月7日，《安徽俗话报》第17期，未署名。见任建树主编：《陈独秀著作选编》第一卷，上海：上海人民出版社，2009年，第64页。

为中国传统文化的同义语。"经数千年之专制政治，自秦政以讫洪宪皇帝无不以利禄奔走天下，吾国民遂沉迷于利禄而不自觉，卑鄙龌龊之国民性，由此铸成。"[1] 批判国民劣根性成为新文化运动时期思想启蒙的重要内容和手段。例如1917年初，《新青年》发表署名光升的文章《中国国民性及其弱点》，将国民性界定为"种姓""国性"和"宗教性"的集合体，列举了中国国民性的种种弱点，指出中国国民性已不适应现代世界的生存方式，应加以彻底改造。

中国何以不发达，"则以吾国民性固有绝大之数弱点在焉"。陈独秀据此提出了"伦理革命"的呼吁，他断言："继今以往，国人所怀疑莫决者，当为伦理问题。""国人思想倘未有根本之觉悟，直无非难执政之理由。"于是唤醒和教育国民的责任自然落在了少数知识精英的身上。"中国的国民缺乏自我意识，必须通过启蒙教育唤醒他们。"[2] 陈独秀参照近代西方国家和市民社会中具有独立人格、自由意识和民主精神的现代人特质，建构了一种以个人主义为本位的新国民。

### 其一，国民独立自主之人格

要造成新的国家，必须有新的国民。要造成新的国民，必须对长期缠绕国人的奴性进行改造，使之以个人的自觉承担身为国民的责任。"吾尝观中国之民，未尝不喟然而太息也，不论上下，不论贵贱，其不为奴隶者盖鲜。试观所谓士、所谓农、所谓工、所谓商、所谓官吏，有如吾所谓国民者乎"，"故卒举一国之人而无一不

---

① 《我之爱国主义》，《新青年》第二卷第二号，署名：陈独秀。见任建树编：《陈独秀著作选编》第一卷，上海：上海人民出版社，2009年，第234页。由此处可见，"国民性"一词在1910年代中期已经成为一个普遍词汇，并开始带有贬义。

② 见蔡元培为《国民》杂志所作的序言，《国民》1919年第1期，第1页。

为奴隶，即举一国之人而无一可为国民"。① 围绕如何除去"奴隶根性"和造就理想的国民之关系，启蒙思想家进行了深入的思考和讨论，成为一种时代性的潮流。

麦孟华在其著名的《说奴隶》一文中对中国国民的奴隶性格做了精辟阐述，"奴隶则既无自治之力，亦无独立之心，举凡饮食男女，衣服起居，无不待命于主人，而天赋之人权，应享之幸福，亦遂无不奉之主人之手。衣主人之衣，食主人之食，言主人之言，事主人之事。依赖之外无思想，服从之外无性质，谀媚之外无笑语，奔走之外无事业，伺候之外无精神。呼之不敢不来，麾之不敢不去。命之生不敢不生，命之死亦不敢不死。得主人之一盼、博主人之一笑，则如获异宝，如膺九锡，如登天堂，嚣然夸耀于侪辈为荣宠。及婴主人之怒，则俯首屈膝，气下股栗，虽极其凌蹴践踏，不敢有分毫抵忤之色，不敢生分毫愤奋之心……"在此基础上，他进一步挖掘了真奴隶的本质属性："夫力屈而为奴隶，形式之奴隶也；心服而为奴隶，精神之奴隶也。形式之奴隶，其心未死，其愤未平，力之稍厚犹可奋起而自拔……精神之奴隶，则心之所安，性之所习。"②

与麦氏着重揭露精神之奴隶的本质不同，梁启超更为立体地呈现了奴性意识和卑劣丑态。在《中国积弱溯源论》（1901 年 3—5月）中做了经典说明："奴隶云者，既无自治之力，亦无独立之心，举凡饮食男女衣服起居，无不待命于主人，而天赋之人权，应享之幸福，亦遂无不奉之主人之手。衣主人之衣，食主人之食，言主人之言，事主人之事……虽极其凌蹴践踏，不敢有分毫抵忤之色，不

---

① 未署名《说国民》，《国民报》第 2 期 1901 年 6 月，《辛亥革命前十年间时论选集》第 1 卷上册，北京：生活·读书·新知三联书店，1978 年，第 74、77 页。

② 麦孟华：《说奴隶》，《清议报》1901 年第 67 期，转引自张锡勤：《麦孟华思想简论》，《求是学刊》2004 年第 1 期，第 40—41 页。

敢生分毫愤奋之心，他人视为大耻奇辱，不能一刻忍受，而彼怡然安为本分。是即所谓奴性者也。"① 这些关于奴隶性表现及批判的样例，被众多革命志士多次加以引用，作为批判国民劣根性、揭露奴隶性的依据。

陈独秀侧重从封建伦理的忠孝节义对奴隶性进行批判。"忠孝节义，奴隶之道德也。"② "皆非推己及人之主人道德，而为以己属人之奴隶道德也。人间百行，皆以自我为中心，此而丧失，他何足言？奴隶道德者，即丧失此中心，一切操行，悉非义由己起，附属他人以为功过者。"③ 陈氏认为盲目崇拜偶像是奴性意识的表现。"凡是无用而受人尊重的，都是废物，都算是偶像，都应该破坏！" "宗教上、政治上、道德上、自古相传的虚荣，欺人不合理的信仰，都算是偶像，都应该破坏！此等虚伪的偶像倘不破坏，宇宙间实在的真理和吾人心坎儿里彻底的信仰永远不能合一——！"④

与奴隶人格完全丧失自我相反，新国民则是需要有自治之才力，有独立之性质，有参政之公权，有自由之幸福的完全无缺之人。西方文艺复兴时期的著名学者皮科指出：人是自己的主人，人的唯一限制就是要消除限制，即获得自由，人奋斗的目的就是要使自己成为自由人，自己能选择自己的命运，用自己的双手编织光荣

---

① 梁启超：《中国积弱溯源论》，见夏虹晓编：《梁启超学术文化随笔》，北京：中国青年出版社，第23—24页。
② 《敬告青年》，《青年杂志》第一卷第一号，1915年9月15日，署名：陈独秀。见任建树主编：《陈独秀著作选编》第一卷，上海：上海人民出版社，2009年，第159页。
③ 《一九一六年》，《青年杂志》第一卷第五号，1916年1月15日，署名：陈独秀。见任建树主编：《陈独秀著作选编》第一卷，上海：上海人民出版社，2009年，第199页。
④ 《偶像破坏论》，《新青年》第五卷第二号，1918年8月15日，署名：陈独秀，见任建树主编：《陈独秀著作选编》第一卷，上海：上海人民出版社，2009年，第422—423页。

的桂冠或耻辱的锁链。① 梁启超认为要养成独立人格和自由意志，就必须破除奴隶性，"勿为古人之奴隶""勿为世俗之奴隶""勿为境遇之奴隶""勿为情欲之奴隶"。② 受此影响，陈独秀在《敬告青年》中提出要打倒奴隶主义，争取自主自由之人格，人都有平等的自由自主权利，丧失了自由权利的人就沦为奴隶，"解放云者，脱离夫奴隶之羁绊，以完其自主自由之人格之谓也。我有手足，自谋温饱；我有口舌，自陈好恶；我有心思，自崇所信；绝不认他人之越俎，亦不应主我而奴他人；盖自认为独立自主之人格以上，一切操行，一切权利，一切信仰，唯有听命各自固有之智能，断无盲从隶属他人之理。"③ 陈独秀揭示出自由的本质就是保全自主之权利和独立人格，用自己的自由意志支配行动，以使中国人从臣民转变为公民，从近代统治者的奴隶变为近代意义上独立自主之人。

### 其二，自由平等之权利

自维新运动始，西方的自由理念一直是拨动中国知识分子的思想引擎。"自由者，天下之公理，人生之要具，无往而不适者。"④ 梁启超指出"不自由毋宁死"，斯语也，实18世纪中，欧美诸国民，所以立国之本源也。

陈独秀将"主张公理，反对强权"作为《每周评论》的办刊宗

---

① ［意］加林：《意大利人文主义》，李玉成译，北京：生活·读书·新知三联书店，1998年，第102页。
② 梁启超：《论自由》，见梁启超：《中国人的启蒙》，北京：中国工人出版社，2016年，第8—10页。
③ 陈独秀：《敬告青年》，《青年杂志》第一卷第一号，1915年9月15日。见任建树主编：《陈独秀著作选编》第一卷，上海：上海人民出版社，2009年，第159页。
④ 陈独秀：《敬告青年》，《青年杂志》第一卷第一号，1915年9月15日。见任建树主编：《陈独秀著作选编》第一卷，上海：上海人民出版社，2009年，第2页。

旨，在发刊词中，强调"凡合乎平等自由的，就是公理；倚仗自家强力，侵害他人平等自由的，就是强权"，据此，他高度评价美国总统威尔逊为世界上第一个好人，并将其演说归纳为两个主义："第一不许各国拿强权来侵害他国的平等自由。第二不许各国政府拿强权来侵害百姓的平等自由。"① "公理"成为五四思想家极为推重的核心概念，是启蒙运动的普适原则。公理不仅是公民民族主义的基础，而且是连接自由主义、公民民族主义和世界主义的纽带。在宪政危机和民族危机并存的历史语境中，五四公民民族主义以"公民国家"连接自由主义与启蒙主义，在启蒙价值"公理"框架中处理自我与国族的认同问题，这一内争"人权"和外争"主权"的"公理"，成为启蒙知识分子处理内政和外交问题的普遍原则。②

陈独秀极为推崇西方的"人权"理念，"西洋所谓法治国者，其最大精神，乃在法律之前人人平等，绝无尊卑贵贱之殊"。③ 平等乃是民主政治的前提，是西方立国之基础。中国要实现民主政治，只有铲除国民心中驻扎的"礼治"等级观念，才能确立国民人权平等之地位。"因为民主共和的国家组织社会制度伦理观念，和君主专制的国家组织社会制度伦理观念全然相反，一个是重在平等精神，一个是重在尊卑阶级"，两者不可调和。④

---

① 陈独秀：《每周评论》第一号，1918 年 12 月 22 日。署名：只眼。见任建树主编：《陈独秀著作选编》第一卷，上海：上海人民出版社，2009 年，第 453 页。
② 高力克：《新文化运动之纲领——论陈独秀的〈吾人最后之觉悟〉》，《天津社会科学》2009 年第 4 期。
③ 陈独秀：《宪法与孔教》，《新青年》第二卷第三号，1916 年 11 月 1 日。见《独秀文存 论文》上，北京：首都贸易出版社，2018 年，第 61 页。
④ 《旧思想与国体问题——在北京神州学会讲演》，《新青年》第三卷第三号，1917 年 5 月 1 日。见任建树主编：《陈独秀著作选编》第一卷，上海：上海人民出版社，2009 年，第 335 页。

### 其三，个人主义之本位

陈独秀在《东西民族根本思想之差异》一文中，盛赞西方个人主义。个人主义是西方民族的根本精神。西洋民族，自古以来都是彻头彻尾的个人主义之民族，一切伦理、道德、政治、法律、社会向往、国家诉求，都是拥护个人之自由权利与幸福。"个人之自由权利，载诸宪章，国法不得而剥夺之。"① 国家利益、社会利益名义上与个人主义相冲突，实际上是以巩固个人利益为本因的。而东洋民族乃宗法社会，以家族为本位，而个人无权利，一家之人，听命家长。宗法制度乃是损坏个人独立人格、窒碍个人自由、剥夺平等权利、戕贼个人生产力的罪魁祸首。因此，"欲转善因，是在以个人本位主义，易家族本位主义"。② 关于家庭、家族必须加以批判的原因，林懈在《国民意见书》中认为，中国人缺乏公德，受家族思想影响是一个重要原因。文明国国民的"爱力"都是以一群为限，中国人的爱力则只及于一家，没有工夫过问一群之事，所以群力不发达。③ 刘禾在分析现代中国的个人主义话语时指出：个人必须首先从他所在的家族、宗族或其他传统关系中"解放"出来，以便使国家获得对个人的直接、无中介的所有权。在现代中国历史

---

① 陈独秀：《东西民族根本思想之差异》，《青年杂志》第一卷第四号，1915年12月15日。见任建树主编：《陈独秀著作选编》第一卷，上海：上海人民出版社，2009年，第194页。
② 陈独秀：《东西民族根本思想之差异》，《青年杂志》第一卷第四号，1915年12月15日。见任建树主编：《陈独秀著作选编》第一卷，上海：上海人民出版社，2009年，第194页。
③ 林懈：《国民意见书》，《中国白话报》第5—8、16—18期，（1904年2—8月），《辛亥革命前十年间时论选集》第1卷下册，北京：生活·读书·新知三联书店，1978年，第908页。

上，个人主义话语恰好扮演着这样一个"解放者"的角色。①

陈独秀激进昂扬、力抗社会的外倾精神和豪杰情怀，既受到日本启蒙先哲福泽谕吉的影响，又有对德国尼采、意大利的马志尼的推崇，他的立论中心还是西方的个人本位主义，尤其是来自法国的"惟民主义"人权思想。陈独秀关心的是社会能否保证个人才智的正常发挥，能否保障个人的自由与独立。"国家利益，社会利益，名与个人主义利益相冲突，实以巩固个人利益为本因也。"②他希望从改造个体出发，由个体塑造走向群体更新再到整个社会的变迁，具有很强的现实启蒙意义。但是陈独秀将现代民族国家的建构仅仅寄托在人的自我改造上，其结果难免陷入精英主义的启蒙困境。

## 三、 伦理的觉悟乃"最后的觉悟"

如果说在梁启超那里，更多强调的是个人对国家民族的责任与义务，在开启民心、启迪民智的过程中强调了"利群"的思想力量，而对"国民性改造"结果的失望，使陈独秀告别了思想文化启蒙，转

---

① 刘禾：《跨语际实践：文学、民族文化与被译介的现代性》，宋伟杰等译，北京：生活·读书·新知三联书店，2022 年，第 101 页。对此，林毓生指出："五四时代的'个人主义'，至少一时看起来不仅仅是一种功利主义或个人主义，而且是一种心灵的渴求——一种个人从一切社会关系的羁绊中解放出来的要求。"同时，个人主义也是对权威的一种挑战，"自由不但不依靠权威，而且是要从反抗权威的过程中争取得到的。"见林毓生：《论自由与权威的关系》，载王跃、高力克主编《五四：文化的阐释与评价——西方学者论五四》，太原：山西人民出版社，1989 年，第 5、128 页。

② 陈独秀：《东西民族根本思想之差异》，《青年杂志》第一卷第四号，1915 年 12 月 15 日，见任建树主编：《陈独秀著作选编》第一卷，上海：上海人民出版社，2009 年，第 194 页。

而倾向于"国民运动"的中介作用，促使他最终走向革命道路。

陈独秀已将民族主义思想压到了最低，倾心于民主的个人主义建设。在《新青年》创刊号上，他发誓要抛弃党派运动，转而从事国民运动。"吾国年来政象，惟有党派运动，而无国民运动也。……凡一党一派之所主张，而不出于多数国民之运动，其事每不易成就，即成就矣，而亦无与于国民根本之进步。吾国之维新也，复古也，共和也，帝政也，皆政府党与在野党之所主张抗斗，而国民若观对岸之火，熟视而无所容心；其结果也，不过党派之胜负，于国民根本之进步，必无与焉。"① 因此，中国应该由党派运动进而为国民运动，从而在实践中培养国民的自觉意识，建立真正的民主政治。

陈独秀认为，要实现人的现代化，完成国民从"臣民"到"公民"的角色转换，必须发展国民教育，提升国民素质。梁启超提出了"新民"说，"非新者一人，而新之者又一人也，则在吾民之各自新而已"，国民如何才能自新呢？陈独秀认为，现代教育是实现人的现代化的根本途径。现代教育的主要内容包括："第一当了解人生之真相；第二当了解国家之意义；第三当了解个人与社会经济之关系；第四当了解未来责任之艰巨"，教育应当德智体并重，"德意志及日本虽以军国主义闻于天下，然其国之隆盛，盖不独在兵强，其国民教育方针，德智力三者未尝偏废。"② "现今欧美各国之教育，罔不智德力三者并重而不偏倚，此其共通之原理也。"以此，他尖锐批判了中国传统教育的落后和不切实际，认为对体育教育的

---

① 《一九一六年》，《青年杂志》第一卷第五号，1916年1月15日，署名：阿独秀。见任建树编：《陈独秀著作选编》第一卷，上海：上海人民出版社，2009年，第199—200页。

② 《今日之教育方针》，《青年杂志》第一卷第二号，1915年10月15日。见任建树编：《陈独秀著作选编》第一卷，上海：上海人民出版社，2009年，第170—171页。

长期忽视是造成国人身体羸弱的重要因素。"我中国的教育，自古以来，专门讲德育，智育也还稍稍讲究，惟有体育一门，从来没人提倡（射御虽是体育，但也没人说明），以至全国人斯文委弱，奄奄无生气，这也是国促种弱的一个原因。"[①] 国人若精神上失去了抵抗力，便无人格可言，身体上缺少抵抗力，便沦为行尸走肉。"余每见吾国曾受教育之青年，手无缚鸡之力，心无一夫之雄；白面纤腰，妩媚若处子；畏寒怯热，柔弱若病夫；以如此心身薄弱之国民，将何以任重而致远乎？"[②] 抵抗力之薄弱，是造成吾国衰亡的最深最大之病根。因此，必须增强国人的抵抗力，使个人在改造社会中获得自新的能力，陈独秀提出了一系列教育方针，更新了国民教育的理念与方法。

首先是变理想主义为现实主义，是拯救贫弱民国教育的第一方针。其二以人民为主人，以执政为公仆的惟民主义；其三职业主义，欧美各国的教育，都注重职业。"西洋教育侧重的是世俗日用的技能，东方教育所重的是神圣而无用的幻想；西洋学者重在直观自然界的现象，东方学者重在记忆先贤先圣的遗文，我们中国教育，若真要取法西洋，应该弃神而重人，弃神圣的经典与幻想而重自然科学的知识和日常生活的技能。"[③] 职业主义之外，尤为提倡兽性主义。"兽性之特长谓何？曰，意志顽狠，善斗不屈也；曰，体魄强健，力抗自然也；曰，信赖本能，不依他为活也；曰，顺性

---

① 《王阳明先生训梦大意的解释（一）》，1904 年 11 月 21 日。《安徽俗话报》第16 期，署名：三爱，选编第 89 页。

② 《今日之教育方针》，《青年杂志》第一卷第二号，1915 年 10 月 15 日。见任建树编：《陈独秀著作选编》第一卷，上海：上海人民出版社，2009 年，第 175 页。

③ 《近代西洋教育——在天津南开学校演讲》，《新青年》第三卷第五号，1917 年 7月 1 日。见任建树编：《陈独秀著作选编》第一卷，上海：上海人民出版社，2009年，第 359 页。

率真，不饰伪自文也。"① 人性兽性同时发展的都是强大之族。其他或仅保兽性，或独尊人性，而兽性全失，是皆堕落衰弱之民也。在陈独秀看来，大力发展教育既是培养国人人格尊严，促进国民身心健康的主要途径，也是实现民族独立富强的必由之路。在《中国式的无政府主义》一文中，陈指出："我敢大胆宣言：非从政治上、教育上，施行严格的干涉主义，我中华民族底腐败堕落将永无救治之一日；因此我们惟一的希望，只有希望全国中有良心、有知识、有能力的人合拢起来，早日造成一个名称其实的'开明专制'之局面，好将我们从人类普遍资格之水平线以下救到水平线以上。"② 陈独秀再度重复了严复、梁启超由"开民智"的启蒙而走向"开明专制"的思想历程。

总之，在深刻反思和抨击中国国民劣根性的基础上，陈独秀以革命的进化论和启蒙思潮为底色，用爱国、独立、自由、平等、民主、人权、教育、法治等观念要素，勾画了一幅现代公民的精神图像，即"自主的而非奴隶的""进步的而非保守的""进取的而非退隐的""世界的而非锁国的""实利的而非虚文的""科学的而非想像的"③。但这种由精英通过思想启蒙来培育公民的理路，也只能是一厢情愿的美丽神话。正如张灏所指出的："一方面我们的社会需要群体的凝合，另一方面，需要个人的解放；一方面我们的国家

---

① 《今日之教育方针》，《青年杂志》第一卷第二号，1915 年 10 月 15 日。见任建树编：《陈独秀著作选编》第一卷，上海：上海人民出版社，2009 年，第 174 页。
② 陈独秀：《中国式的无政府主义》，见《独秀文存随感录》，北京：首都经贸大学出版社，2018 年，第 168 页。
③ 陈独秀：《敬告青年》，《青年杂志》第一卷第一号，1915 年 9 月 15 日。见任建树主编：《陈独秀著作选编》第一卷，上海：上海人民出版社，2009 年，第 159—162 页。

需要对外提高防范和警觉，强调群体的自我意识，另一方面文化发展需要破除畛域，增强群体对外的开放性和涵融性，谁能否认这些不同方面的要求，在现代中国现实环境中，是一种两难困境？"①

## 第二节　"我"如何"在"？

现代性的高歌猛进，摧毁了传统生活的田园牧歌，也瓦解了传统社会的价值基础。德性的完满，不再是安身立命的基石。面对后圣贤时代的价值真空，个体如何安顿自身的价值和灵魂？种种价值焦虑，都指向了"现代性中人的生存重构"这个深刻的哲学命题。故而，需要在反思中国现代性成长的复杂历程与艰难蜕变中，讨论个体价值的生成发育问题。

### 一、 何种"我"，如何"在"？

现代性是现代化过程的质的规定性，现代性的本质规定是主体性。中国的现代性和西方现代性有着巨大的差异性，西方现代性是原发性、内生性的，中国的现代性是后发性、建构性的，是在西方强势现代性的背景下求索自身的现代性，本质上是一种从学习到自主的现代性。中国现代性有着自身发展的线索和逻辑，呈现出杂糅性的特征。既走出了独特的现代性追寻与反思之路，又背负着沉重的历史负担，有着浓烈的前现代遗迹，现代性的成长始终难以摆脱

---

① 张灏：《重访五四——论五四思想的两歧性》，《开放时代》1999 年第 2 期，第18 页。

现代性焦虑的纠缠。在中国现代性的语境中，个体的生存重构展现为与西方存在主义哲学之"在"迥然不同的问题关怀。在人的"在世"中，有没有一个应该如何"在"的问题？对此存在哲学的回答是消极的。上帝死后，已经没有任何存在物可以构成对"在"的限制。个体的"在"是被抛，是孤独、虚无与荒诞。与之相较，我们今天所讨论的"在"，更多指向的是"伦理底在"，个体的"在"是意义充盈的在世感、家园感。即在与他人、与社会"共在"的同时，如何更好地凸显个体的生命取向和价值维度？

　　"我"，如何"在"？是何种"我"？又如何"在"？首先要澄清的问题是，什么是"我"？何种意义上的"我"？大家马上会联想到笛卡尔的经典命题：我思，故我在。这里的"我"（ego），是指能动的思维的主体，纯粹的思维对自己存在的确认是一切认识活动的阿基米德点。① 该命题开启了一个"用头立地"的时代，各种被称作"现代化"的成就和被称作"现代性"的问题，都跟该命题表达的精神有关。② 与笛卡尔的"纯精神性的实体"之"我"不同，我们今天所讨论的"我"，立足于中国传统哲学的视域，无论是精神主体的"我"还是作为实践主体的"我"，指向的是同一个问题，那就是人格。德性人格如何塑造、如何践履？也就是理想人格如何培养的问题。从德性人格到法权人格到自由人格，自由人格就是理想人格的最高境界。冯契先生指出，趋向自由的劳动是合理价值体系的基石。整全性的劳动观念是身份制时代的产物，曾经

---

① 笛卡尔：《第一哲学沉思集》，庞景仁译，北京：商务印书馆，1986 年，第 22 页。
② 徐长福：《实践之"我"与理论之"我"——笛卡尔之"我"的语用调查》，《世界哲学》2015 年第 3 期。该文采用一种新的哲学方法——语用调查法，通过对笛卡尔著作文本的查证和分析，对"我"这个概念做了仔细分疏，对重新理解笛卡尔哲学具有基础性启发意义。

支撑起了一个时代的价值坐标。但是随着主体性的觉醒和权利意识的增长，价值认同发生了急剧分化，尤其是全面市场化的来临，劳动和资本的紧张对峙使个体的生存境遇面临新的挑战，在资本和市场占主导地位时代的情势下，个体该如何安放并培育自身的价值？

为此，我们的讨论将主要围绕以下问题展开，第一，随着天道秩序的崩溃和圣贤人格的退隐，德性的完满不再是安身立命的基石。我们首先要追问的，便是后圣贤时代德性自我如何挺立？我会以德性自证这个命题来展开。第二，当天朝礼制秩序中的臣民、子民变成了现代民族国家的新国民，如何在现代民族国家的框架内来确立自我的国民身份认同、情感认同和社会价值认同？国民身份认同和价值认同的基础在哪里？如何来建构这个认同？第三，随着现代性的推进和市场关系的深化，知识资本强势崛起，在市场时代资本和劳动的二维结构、二元博弈中，现代社会价值认同的基础也悄然发生着变化。面对后圣贤时代的价值真空，个体如何安放自身的价值和灵魂？如何在实践中培育个体的价值？第四，"我"，如何"在"？这一问题最终指向的是自由个性如何可能的问题。

## 二、 德性自我的挺立与突破

作为个体意义上的"自我"意识，与中国现代性意识具有共生性。虽然中国传统思想中，历来不乏重视"自我"的理论资源。早在孔子那里，即有"为仁由己""意必固我"的观念，但传统儒家所强调的主要是德性自我的挺立。从龚自珍提出："天地，人所造，众人自造，非圣人所造。圣人也者，与众人对立，与众人为无尽，众人之宰，非道非极，自名曰我。"① "自我"上升为世界第一原理，到梁启超为代表的近代"新民说"，再到五四时期对独立人格的推崇，都表明了中国现代性成长中个体性意识的萌动与觉醒。

为了更深入地把握德性之"我"背后的古今之辨，我以冯契的"德性自证"命题来讨论精神自我如何挺立、个体精神如何发育的问题。② 冯契是 20 世纪后半叶为数不多的创立了自己原创性哲学体系的哲学家，他非常敏锐地洞察到，如何促进个体精神的发育，正是中国马克思主义者长期忽视的重要问题。这个问题至今依然困扰着我们，那就是应该如何认识自我。在冯契看来，"自我"主要是指精神自我，这个精神自我就是人性精神结构的理性、情感、意志的发育所形成的意识，精神自我是知、情、意的统一。作为精神主体的我，是思想、情感、意志、行动活动的主宰者，一个人只有有了这种自我的意识，才有行为的同一性。这种绵延的同一性使得人成为自主选择、自作主宰、自我塑造、自我发展的人。冯契批判地继承了王船山的"我者德之主，性情之所持也"的说法，"我"是德性的主体，"我"接受了道使性日生日成，使人格得到锻炼。每个人都有独立的个性，要发挥意志和主观力量的作用，针对自己性情的差异和特点来具体培养自己的人格，使各自的才能获得充分自由的发展。所谓德性自证，就是"主体对自己具有的德性能作反思和验证。如人饮水，冷暖自知"③。自证是主体的自觉活动。在认识世界和认识自己的交互过程中，不断化天性为德性，凝道成德，

---

① 龚自珍：《壬癸之际胎观第一》，《龚自珍全集》，上海：上海古籍出版社，1975年，第 12 页。

② 参见付长珍：《论德性自证：问题与进路》，《华东师范大学学报（哲学社会科学版）》2016 年第 3 期，第 137—144 页。

③ 冯契：《认识世界和认识自己》，《冯契文集（增订版）》第一卷，上海：华东师范大学出版社，2016 年，第 329 页。

显性弘道。正是这样一种人格的境界才体验到了一种当下即永恒的自由，其中充满了丰富的创造性。从一定意义上说，其中"德"的内涵与特性，可以"德者，道之舍"名之。"德者，道之舍"一语，出自《管子·心术上》第三十六章。因为道虚无所寄托，那么德性就是道的寓所，这个舍又有寓所、家园的意味，所以德为道之舍，就是说我们要通过修德来达到与道合一。这个命题其实就在提示我们，要以德为修道之舍，为修道之径。"德者，道之舍"这个命题赋予了中国哲学中的德性以本体论的意义。

德性自证意味着理性的自明、意志的自主和情感的自得。作为具体的个体的人，他不仅有理性也有非理性，有意欲也有情感，是融合了理性、意欲和情感的人。自由个体总是个性化的，同时要求知、情、意全面发展。冯契特别强调意志的自主和自愿原则，除了理性的自觉，更重要的是要强调自愿。行为出于我的内在意愿，只有自觉和自愿的统一才有情感的自得。真正自由的德性是知、情、意的统一。我们要培养的这种平民化的自由人格，就是一个知、情、意统一的人格主体，德性自证指向的正是一个自由的人格。近代很多哲学家都讨论过自由人格平民化的问题，这种人格是和圣贤人格相对的，圣贤人格讲究的是全知全能、至上纯粹，平民化人格强调的是人的多样性、具体性、创造性，每一个普通的人都有自身的特点和价值，人人都有缺点，都会犯错误，所以要求走向自由、要求走向自由劳动是人的本质，趋向自由的劳动是合理价值体系的基石。


### 三、 主体分化与权利意识的觉醒


1978 年进入了改革开放新时期，随着主体性的觉醒和权利意识的增长，劳动者这样一个整体性的身份标识逐渐被打破，价值界开始发生了分化。主体性觉醒的一个标志性事件，就是 1980 年《中国青年》杂志发表了一封化名潘晓的读者来信，在这封信中她非常真挚地书写了自己的困惑：人生的路为什么越走越窄？立即掀起了一场关于个体人生观、价值观的大讨论，被称为"一代中国青年人的思想初恋"。潘晓是一个半虚拟的人物，是两个人名字的合称。一个叫黄晓菊，她出生于 1955 年，这个女青年是北京羊毛衫厂的工人，是一个纺织女工；另一个是北京经济学院数学系二年级的学生叫潘祎，正是这两个人名字当中各取了一个字。潘晓的来信获得了当时读者的广泛热捧，竟然不到一个月的时间就收到了 6 万封读者的来信。个体意识的觉醒是一个时代精神的折射，被"文革"耽误的一代中国人开始思考国家的未来，思考自我存在的意义和出路。除了关于人生观的大讨论之外，还有就是"萨特热"，唤起的是个人对自我价值和选择权的强烈诉求，人应该如何进行自我选择、自我谋划、自我造就？在当时萨特热的背景下掀起了一场西方存在主义在中国的对话。第三个标志性事件就是关于主体性问题的争论。主体性问题在当时学术界争论得异常激烈，一个最重要的代表人物就是李泽厚。他在"关于主体性的论纲"中指出，西方的存在主义强调的是个体的主体性，而他强调的是类的主体性，就是我们如何在类的主体性、群体的主体性的情况下来谈个体的主体性。李泽厚是20 世纪 80 年代的思想旗手，正是一代学人关于主体性问题的争论开启了关于权利、价值这些现代观念的追逐。随着市场经济的启动，个体诉求又转向了市场价值，这不纯粹是关于自我选择、自我实现的需要，更重要的是经济利益的合法化，个人的经济动机要合法，这样的情况下个体的诉求就变成了自主、成功，对成功的格外重视实际上是市场经济刺激下的产物。房子、车子、票子等与经济相关的属性，成为成功人士的身份标签，出现了所谓经济学的繁荣、经济学帝国主义。关于市场经济的伦理变化、市场道德与法律法规之间的关系，这些问题都直接引出了一个现代性的观念——权利意识的增长。随着主体性的觉醒，权利观念这个关乎社会公正的问题就凸显出来了，特别是市场经济启动后，整个社会开始关注贫富差距问题，包括和谐、正义等现代价值都与社会市场的发育密切相关。以劳动为基础的身份认同危机是伴随着市场的深化和资本势力的崛起而来的，资本的迅速推进首先导致了价值认同上的多元，进而是身份认同上的焦虑。这个问题与一个时代主流价值观念的衰落，也就是集体劳动观念的式微直接相关。市场依靠的是资本驱动，资本作为一个衡量的尺度使得不同身份的人可以被度量，那么资本能不能承担起价值认同的使命呢？这是一个非常具有挑战性的问题。劳动观念曾经承载起一个时代的价值认同基础，现在资本崛起了，资本能不能代替劳动承担一个社会的价值基础？在我看来，资本在属人的本性之外，只具有工具性的手段意义，这种工具性某种程度上撕裂了社会价值认同的情感纽带，因而资本难以成为一个社会价值认同的基石。

如今，资本与劳动的对抗已成为一个不争的事实，且有愈演愈烈之势。市场时代劳动与资本的博弈，突出表现为资本的强势崛起。在《21世纪资本论》中，皮凯蒂认为，在从食利者社会转向经理人社会的过程中，经理人凭借自己对知识的垄断参与到了资本的盛宴当中。皮凯蒂的论断也可以用来解释当下中国的现象，那就是食利阶层的出现。食利阶层的出现部分来源于租金和承袭制。"我们的社会从数量稀少的庞大食利者变成数量众多的小型食利者，即小型食利者组成的社会。"[①] 当今还出现了一批超级经理人，像

---

① ［法］托马斯·皮凯蒂：《21世纪资本论》，巴曙松等译，北京：中信出版社，2014年，第433页。

各路明星都成了资本的获利者，他们凭着对资金的垄断参与到了资本的狂欢。皮凯蒂深刻揭示了资本、资金与劳动的博弈，正是资本和劳动的对抗导致了世界性的贫富差距。"未来的世界可能会糅合了过去世界的两大弊端：一方面存在巨大的由继承财富造成的不公；另一方面又存在以能力和效率为理由的因薪酬造成的巨大贫富差距（其实这种说法并无道理）。因此走向极端的精英主义就很容易产生高管和食利者之间的赛跑，最终受损者则是在旁观赛的普通大众。"[①] "资本市场和金融中介的日益发达使得所有权和管理权日渐分离，因此纯粹资本所得与劳动所得之间的鸿沟实际上是扩大了。"[②] 这就是今天劳动者实际的状况，到底依靠资本还是依靠劳动，成了个体生存中的艰难选择。

## 四、 资本时代，个体价值如何培育？

在一个资本占据主导的时代，"我"如何"在"？针对这个问题，我将目光投射在茫茫草根大众，草根民众如何应对资本强势的扩张？新一代的普通劳动者如何在实践中来培育个体的价值，如何通过劳动来实现自己的价值？诺贝尔经济学奖获得者艾德蒙·菲尔普斯在《大繁荣》一书中，以历史的厚重感和哲学的思辨性，深刻阐发了一个深邃的时代问题：大众创新如何带来国家繁荣？创新不仅是经济大繁荣和社会持续进步的动力，而且应上升为社会普遍崇

---

① ［法］托马斯·皮凯蒂：《21世纪资本论》，巴曙松等译，北京：中信出版社，2014年，第430页。
② ［法］托马斯·皮凯蒂：《21世纪资本论》，巴曙松等译，北京：中信出版社，2014年，第437页。

尚的价值观。① 这个见解对思考资本强势扩张下劳动者被边缘化的境况，非常有启发性。那就是强调能力本位之外，要培养判断力，要有开创自己事业的动力，要通过创新去寻找生活的意义，正是创新可以给"个体"以价值，在社会实践当中找到合适的立足点。现代价值观的培育要靠创造性、好奇心和生命力。创新作为自我发展的内在驱动力，就在于可以造就个体的多样性、创造性，我们所提倡的平民化自由人格，首要的特点就是创造。平民化自由人格，抛却了终极意义上的价值标准，具有丰富多元的创造精神。每个普通人都要认识到自己的与众不同，坚持自我的独特性、同一性。正是在这一点上，《大繁荣》一再提醒我们，普通人也可以有创新，创新不能简单等同于技术创新，创新作为一种价值理念，是一个社会背后最具智慧性的动力性源泉。"个体"应该发扬韦伯意义上的志业精神，志业能够增加生命的赋值。面对资本技术的强势挤压，个体劳动者如何焕发自身的这种职业精神？如何在实践中培育个体的价值理念？当今劳动者普遍存在着一种精神方向的迷失。个体追求越来越陷入扁平化和单向度，缺少创造的活力和激情。因此需要格外强调精神的自我发育，草根阶层如何靠开发自己与众不同的个性和信仰驱动来与现实生活的平庸对抗，培育丰富生动的个性化现代价值观。面对强大的现代技术和大机器生产，普通的劳动者还有没有存在的价值和空间？狄德罗等人在《百科全书》中特别提倡工匠精神，书中有一个著名的论断：匠人的劳动是启蒙时代的象征，强调的是人应该许可自己的局限性。面对大机器的时候，人可以用自己的个体性来对抗机器和技术的优越性。个体性赋予我们以特色，

---

① ［美］艾德蒙·费尔普斯：《大繁荣——大众创新如何带来国家繁荣》，余江译，北京：中信出版社，2013年。

个体应开发自己的特长，展现自身的无可替代性。在大工业时代，匠人可以依靠他的独特性来赋予他特色，来开发自己的价值空间。这种工匠精神，对改善市场和资本碾压下底层劳动者的精神状况，焕发个体创造活力，尤其是对当下的中国别具意义。《百科全书》中特别指出，无聊其实是最具有腐蚀性的，无聊会侵蚀人们的意志，希望人们仰慕而不是可怜平凡的工人，要努力激发他们的个性和活力。当前，对那些被资本抛弃、又难以为社会创造财富的人，我们往往以"弱势群体"视之，采取的是"送温暖"和直接的财物扶贫，这个群体由此变成了被同情的对象。然而，对于那些遭遇生活不幸的人来说，最需要的恰恰是鼓励并帮助他们从事简单劳动，简单的劳动正是一剂良药，既唤起了他们对生活的希望，又可以部分地改善生存境遇。每个人都可以找到对抗自己境遇不佳的出口。关键是要提倡个体的创造精神，唤醒底层劳动者如何树立生活的信心，如何来认识并践行个体价值，这一点非常值得我们深思。

让我们回到 18 世纪的西方，在工业大革命转型的时候所遇到的问题，其实和我们今天的状况高度相像。比如，像密尔等工业时代的思想巨星，都是在讨论大机器大工业背景下个体如何生存、如何培育个体价值的问题，对我们今天思考资本控制下的个体如何来实现自我、成就自我，是一面很好的镜子。密尔认为，一个现代文明的社会，一个开放的社会，最重要的特征就是它是一个多样化的社会，一个能够让每个人充分发展自由个性、才能的空间。因此一个多样性的社会，一个多元的社会，一个包容的社会，一个给劳动者尊严和快乐、给劳动者提供发展空间的社会，才是我们应该追求、应该拥抱的良善社会。

如何抵御大众化时代集体的平庸和对个性的压制？如何克服现

代性的平面化和同质化？如何培养自己的个性以对抗大众化的倾向？密尔提出了创造性个体价值的三种属性：首创性、独特性、独立性。密尔说道："首创性乃是人类事务中一个有价值的因素。永远需要有些人不但发现新的真理，不但指出过去的真理在什么时候已不是真理，而且还在人类生活中开创一些新的做法，并做出更开明的行为和更好的趣味与感会的例子。谁只要还不相信这世界在一切办法和做法上已臻尽善尽美，谁就不能很好地反驳这一点。诚然，这种惠益并非每人都能同样做得出来：在与整个人类相比之下，只有少数的人其生活试验如经他人采纳，可能会在行之有素的做法上算是一点什么改进。但是这些少数人好比是地上的盐，没有他们，人类生活就会变成一池死水。"① 这和冯契强调的平民化自由人格理论，有着异曲同工之妙，都是特别强调个体的多样性与异质性，个人的活力来源于首创精神。

在深陷"集体平庸"的当代社会中，如何保持个体的多样性和差异性，如何努力成为你自己？每个人都要持守自身的独立性，要用自己的理性去思考，去规划和选择自己的生活方式，而不是膜拜和盲从。人类怎样才能成为一个高贵的、美丽的对象，那就是把自身当中一切被磨成一律的东西摒弃掉，还要允许他人得到有限度的有可能的发展，在许可的范围内培养发展自己的个性。② 人性不是一架机器，它不能按照一个模型来塑造，要把它看成一棵树。既然是一棵树，那么它就有生长性，各方面不断发展的可能性，所以要

---

① ［英］约翰·密尔：《论自由》，程崇华译，北京：商务印书馆，1959 年，第 68—69 页。
② 参见［英］约翰·密尔：《论自由》，许宝骙译，北京：商务印书馆，2007 年，第 74 页。

按照它可能是活的东西，按人类内在的力量去发展它。① 人性是一棵树，人性当中具有无限的创造性，具有无限的活力。因此，面对市场时代资本的强势地位，劳动者可以通过培育自己首创性、独特性、特立性，培养自己的创造活力，来拯救自我。现在社会上的人们不是欲望太多，而是欲望太小。所谓的欲望泛滥，往往表现为纵欲，是对物质利益、功名利禄的过分追逐，真正的欲望应该是社会发展的动力，这种欲望是人性当中的创造性活力。只有每个人的充分发展才会有社会群体的发展，只有每个人的进步才会有社会的进步，所以应该在实践当中激发培育每个个体的创造潜能和创新活力，这是我对市场时代资本碾压下的个体生存处境所开出的药方，那就是要在实践中努力弘扬个体精神，培育个体价值。狄德罗等的"百科全书"插图非常多，对一些工艺的介绍非常详尽，通过图片的形式，将工艺过程直观地呈现出来，便于传承和模仿，展现的正是普通匠人发展自我特立性的场景和画卷，似无尽的宝藏，等待我们去探索，去发现。

在资本强势崛起的时代，应该如何成就具有自由个性的人格呢？我们生而现代，却无往不在传统之中。现代自我的成长，离不开传统之根的滋养。现代性对自我、对个体的最大冲击，其实是心性的失落和意义世界的迷失。在一个以平等和权利为本位的现代社会，如何重建社会的伦理秩序和心性秩序？我认为传统儒家，包括现代新儒家们所开出的药方，正是为救治心性失序提供了思想资源。市场时代的一个重要表征，就是市场价值观渗透到社会生活的方方面面，市场关系无限扩展，整个社会都成为市场。这是一个一

---

① ［英］约翰·密尔：《论自由》，程崇华译，北京：商务印书馆，1959 年，第 63 页。

切都要待价而沽的时代，道德律令被金钱律令所取代，社会上弥漫着重"势荣"而轻"义荣"的风气。现代新儒家举起拯救现代性道德堕落的旗帜，尤其是在道德心性的文化层面上，确实提供了救治现代性的药方，但是我认为当今的伦理制度建设，恐怕才是当务之急。一个在市场时代救治社会弊病的伦理制度的安排，才是重中之重。在我看来，除了一个市场的价值观无所不在，更重要的是市场把我们每个人都卷入了它巨大的行囊之中，个体何以安放自身的价值，如何在资本面前保持独立性，这是尤其值得我们深思的一个问题。重建市场时代的伦理秩序和心性秩序，需要重新思考和构建资本与劳动、市场与道德的新型关系。在今天我们需要对劳动观念的内涵与形态进行新的阐释，劳动已突破了体力劳动和脑力劳动的界分，一些具有高度创造性的知识技术因素参与到劳动的重构中来。每一个个体都可以通过充分发挥自己的创造性，充分培育自己的个性来抵御资本的侵蚀。

那么如何重建市场和道德的新型关系呢？整个社会都成了市场，市场需要保护性、底线性的基本道德，既尊重他人，又维护自身，这样的德性是市场时代一种新型的德性，斯密称之为"消极的德性"。今天我们在谈论自由个性、合理价值的时候，首先应该追问什么是合理的价值，合理的价值在市场面前能否等同于利益，因此需要对市场时代的新型义利关系做出新的阐释。这个利应该是广义上的好，利和义不是相对立的，就是孟子说的"可欲之谓善"，可欲性在我看来是合理价值的一个重要原则；经过适度改造的利益可以成为合理价值的基石，我们应该对义利关系做出一个合理的价值定位，对更加符合市场时代道德法则和市场规则的意蕴做出新的阐发。因此，我如何与他人、与社会共在，与"我"如何"在"成为一对相依的命题。中国的现代性是一个渐次展开的过程，如何在市场和资本这样一个时代，既持守我们如何"在一起"，又成就自我的独特性？今天我们讨论"我，如何在"的命题，其实也是对"我们如何在一起"的一个回应和补充，这个话题对于当下的中国来讲，自有独特的意义。① 个体性在传统中国始终没有得到充分的发育，大我对小我的优先性，就是整个传统道德的一个基本走向。不管是在"群"和"己"的关系上，还是在"理"和"欲"的问题上，始终有一个主导性的"秩序情结"和伦理序列，那就是群体对个体的优先性。如何扩充对个体价值的张扬，还是一个已然觉醒却未及充分展开的问题。李大钊指出："真实的秩序，不是压服一切个性的活动，是包蓄种种不同的机会使其中的各个分子可以自由选择的安排；不是死的状态，是活的机体。"② 因此，要在这样的一个价值定位中，思考"我"如何"在"的问题。中国的现代性呈现为一个复杂的面相，既有对现代性进程的焦虑与期许，又有对现代性陷阱的隐忧与抗拒，因而个体的生存重构才变得格外复杂和紧迫。我们今天重思中国的现代性和个体的生存重构，它的意义就在于强调自由个性的塑造，如何更好地促进个体精神的发育，如何在实践中培育个体的价值？应该成为中国现代性图景中亟需构建的重要向度。当然，这里的讨论更多地还是在反思中诉说希冀。也许哲学的意义，就在于它不仅仅提供一种批判的武器，一个反思的工具，更重要的是可以激发建设的激情，用创造性来拥抱更好的未来。总之，我们正是想表达一个希望，表达对人类、对个体生存状况和价值关怀的一个更加美好的期望。

---

① 樊浩：《"我们"，如何在一起？》，《东南大学学报（哲学社会科学版）》2017年第1期，第5—15页。

② 李大钊：《李大钊文集》第三卷，北京：人民出版社，2006年，第579页。

## 第三节　主体性觉醒与个体价值形塑

按照冯契先生的提法，合理的价值体系应体现为内在价值与外在价值、功利性与道义性的统一。但长期以来占据中国社会主导性地位的价值观，往往更多强调的是价值导向的规范性意义，对于价值导向的内在原则和精神动力则关注不够，一定程度上忽视了价值主体的自我实现和自我发展维度，使主体与价值相疏离，社会黏性减弱，造成了社会主导性价值引导不力。这个问题的重要性，随着改革开放的不断深化而日益凸显。尤其是市场经济的充分发展，极大地推进了中国现代性进程，引发社会巨大变革和深层次转型，社会阶层和利益集团日益分化，社会生活中出现了更加复杂的价值多元化趋势。如何突破整体主义的思维模式和道德原则，实现多元价值观念的重整？如何尊重个人的正当利益、社会权利和人格尊严，更好地呈现个体的价值诉求？从主体性觉醒这一维度，通过探讨重塑社会价值导向的内在原则和价值尺度，以夯实现代文明社会的价值基石。

### 一、　主体性及其在当代中国的历史命运

主体性是现代性的基本价值原则。在漫长的中世纪，圣人、上帝或经典教义被尊奉为具有终极意义的价值皈依，是人们生活意义和社会价值规范的源泉。近代以降，随着神圣权威不断被质疑被消解，需要重新寻找并确立现代社会价值规范性的基础。这一基础性力量就是人的"主体性"。正是主体性原则，奠定了现代社会文化形态与运行根基，支撑起现代社会的文明大厦。

主体性的觉醒与挺立关联着现代性价值的成长，然而对处于急剧转型变革期的中国而言，"主体性"注定是个沉重的话题。20世纪六七十年代以后，主体性问题在西方已逐渐被人淡忘，进入了所谓"主体性的黄昏"。在中国，主体性话语则几乎是与改革开放相伴而生，呈现为一个不断生成、渐次觉醒的过程。最初发端于文学、哲学、历史学等领域，以学理层面的探讨为理论先导，主体性原则迅速泛化为整个社会的价值诉求。与中国现代性的追求与焦虑相互交织，主体性的觉醒既是中国现代性进程中一个深刻的思想母题，又具有深刻的社会实践动因。经过改革开放四十多年的发展，姗姗来迟的主体性观念与价值理念，虽然在中国社会、经济、文化等领域得到一定程度的体现和弘扬，但并没有真正扎根落实下来，主体性价值理念的培育仍有巨大的成长空间。重思主体性在当代中国的历史命运，或将对认识和走出当前社会价值导向困境有所裨益。

主体性觉醒本身是启蒙的产物，意味着更加尊重个人意志（自愿）的表达，就其发生看，个体意志的表达内涵了理性、自由、平等等前提或诉求，但是就实践上看，个人自愿更容易表现为对自由形式的追求，于是我们会看到在当代不仅是中国，价值多元化实际上成了空洞的自由形式，自愿异化成了价值虚无主义的挡箭牌，并且也成了各种异化价值观念的挡箭牌。这种价值危机的背后有着对主体性觉醒原初内在价值诉求的深刻遗忘。


## 二、 重塑合理价值导向的主体力量

在中国现代性的独特语境中，主体性究竟有何特定的意蕴？是我们需要追问和澄清的理论前提。贺来认为，反思以往对主体性的讨论，一个重大缺失在于缺乏对"认知主体"与"价值主体"的自觉区分，往往是以"认知主体"遮蔽和取代了"价值主体"。① 现代西方近代哲学所确立的"主体"实际上是"思维主体"或"认知主体"，是作为人的认识的最终根据而产生的。随着现当代哲学的解构，这种意义上的主体已经失去了存在的合法性。而主体概念所包含的价值维度和价值内涵，是指个人不可剥夺的自由、尊严、发展的权利等现代性所确立的基本价值。这种意义上的"价值主体"仍可以获得独立的意义。②

由此观之，中国社会最大的价值缺失就在于人的"主体性"的遗忘。在中国传统哲学与文化的视阈中，价值主体一般是指德性主体，作为价值承担者的"我"，是德性认知和德性实践的统一，具体化为实有诸己的人格，具有明确的自我意识，但一直缺乏意志自由观念。晚明以降，中国经历了数次价值观的深刻变革，却始终难以摆脱新旧价值观断裂带来的迷失困境，现代意义上的价值主体始终难以获得挺立。虽然早期启蒙思想家们，如李贽等已开始猛烈抨击礼教，主张自我与个性；王夫之强调"我者德之主，性情之所持也"，认为道德实践上的"无我"，则会出现"义不立而道迷"；龚自珍更把"自我"视为世界第一原理。从严复、梁启超到李大钊、鲁迅等都提出了新的人文主义价值观，强调个性解放，反对权威主义，倡导新的价值主体——个性化自由人格的创生和塑造，并在社会实践中做出了艰难探索，这无疑有巨大的历史进步意义。但20

---

① 贺来：《"主体性"的当代哲学视域》，北京：北京师范大学出版社，2013年，第53页。

② 贺来：《"主体性"的当代哲学视域》，北京：北京师范大学出版社，2013年，第47页。

世纪 30 年代以后，受苏联正统马克思主义①的影响，依然没有冲破传统整体主义价值观的牢笼：在对待人的价值与理想方面，过分强调社会价值，忽视自我价值；对于自我，注意其本质规定，忽视作为一个个具体存在的自我；强调自我改造，忽视自我实现、自我发展。这种长期忽视"自我"和个性的社会价值观，使当代价值重建中造就健全价值主体的任务变得异常艰巨而紧迫。

尤其是当资本上升为"逻辑"或"主义"，权力异化为至上的法则，权力和金钱的合谋必将窒息生命个体的丰富性、创造性和超越维度，价值主体被消解为"抽象物所宰制"的单向度的人，异化为拜金主义、权力迷信的囚徒，造成价值虚无主义的泛滥。在市场化改革进入深水区的时代情势下，如何以主体性尺度来重塑现代社会的价值规范基础？对照哈贝马斯关于主体性的基本规定：个人主义、批判的权利、行为自由等，当下的中国是多么需要急切培育这些现代文明价值理念与价值主体。因此，挺立人的主体性，培育具有自由个性和独立人格的价值主体，既是应对社会价值危机和精神迷失的必要前提，也是构建中国社会核心价值的基本方向。

### 三、 合理价值导向的内在原则

现代社会的根本特点就是分化和非同质性，社会各个领域已分化为相对独立的价值规范。作为一种"尚未完成的谋划"，现代社会需要的基础性价值，既要能为现有价值规范提供新的诠释，又可以为生成新的规范提供可能。在现代理性生活秩序和制度性框架

---

① 冯契：《人的自由和真善美》，《冯契文集（增订版）》第三卷，上海：华东师范大学出版社，2016 年，第 153 页。

中，正义无疑是首要的价值。一种为社会成员所普遍认同的价值观，必定拥有深层的社会心理动因。仁爱，作为一种和谐的温情的价值，是社会生活秩序的维系力量。如果没有一种对自己、对他人、对同类乃至对最高价值理想的爱，则社会价值导向缺少内在的信仰动力和情感基础。正如麦金太尔对罗尔斯正义论的致命责难：无论多么完备的正义规范，对于一个毫无正义感的人来说依然毫无意义。正义和仁爱的融合，才是可欲的良善的生活方式，才能养成社会的公序良俗。

从历史上看，传统儒家虽然没有自觉发展出系统的价值论，但"义"观念始终具有毋庸置疑的至上权威性，成为指导和规约中国传统社会生活的基本价值坐标。儒家的仁、义等核心观念何以成为长期支撑传统社会运行的基础性价值，以仁义礼智信并举的价值系统何以具有普遍有效性？从内在价值角度说，大致包括以下方面：其一是价值的可欲性。孟子说：可欲之谓善。这里的"善"，并不限于道德意义，而是指广义的好，即能够满足人的物质与精神的需要，合理的利益就是善。"理义之悦我心，犹刍豢之悦我口"，"仁，人心也；义，人路也"。作为导向性价值，"义"既是可欲的价值目标，又具有人性论的基础，合乎人性发展的真实的要求。对健全的主体人格来说，一方面要有"仁义礼智以正其德"，另一方面"有声色臭味以厚其生"，感性与理性、成身与成性应该是统一的。合理的价值导向，除了符合理性和类本质的需要，还应该体现意志、情感、欲望等非理性因素，脱离了真实的存在和具体的个性，价值就成了抽象物。其二，"义者，宜也"，体现了价值的正当性、适度性原则。其三，"义者，仪也"，礼仪是价值实现的制度性担保，体现了价值的可普遍化和规范性原则。儒家核心价值正是通过礼仪的落实而成为法典化、制度化的存在，成为主导中国传统社会变迁的基础性价值。

援用儒家提供的历史经验和价值资源，从价值主体的合法性角度来看，可欲性是最为重要的价值原则。导向性价值首先要有共通性的人性基础，同时又符合人性发展的要求，才能为价值认同提供一个内在驱动力。从符合人的自我发展、自我实现的维度上看，则需要赋予价值导向以更坚实的内在价值支撑。就中国当下的价值状况而言，最重要的价值冲突主要表现在"义利"关系方面。价值导向问题本身并不只是要处理利益问题，但是在多样化的价值观异化形式中，目前最突出的是拜金主义的问题，要在价值的可欲性中对利益问题做一个合理的定位。早期集体主义时代的国家建设往往排斥讲个人利益，因而伴随着主体性觉醒过程中的价值诉求，也更多地表现在对个人利益的肯定和尊重方面，通过对个人经济创造的认同来肯定个人价值。关于如何合理定位个人利益，主要应警惕两种倾向：一是站在特定的价值观立场上，比如极端集体主义的价值观，来反对任何个人利益；二是要反对把个人价值仅仅视为经济利益物化的表现，这当中存在着用金钱价值衡量一切存在价值的内涵。但是也要站在可欲性的角度合理肯定个人利益，"'利'是最广义的好。凡对人有使用价值的都是利。利是人欲求的目标。"① 冯契深刻地指出："自由劳动——合理的价值体系的基石"，"所谓合理，就是合乎社会发展和合乎人的本质力量的发展"。② 以人的自由发展和自我实现为价值目标和价值理想，在认识与评价、目的与手段、个人与社会等矛盾统一体中，冯契的价值理论打通了物质的

① 冯契：《人的自由和真善美》，《冯契文集（增订版）》第三卷，上海：华东师范大学出版社，2016年，第59页。
② 冯契：《人的自由和真善美》，《冯契文集（增订版）》第三卷，上海：华东师范大学出版社，2016年，第78页。

功利满足和精神的真善美追求之间的扞格。

第一，坚持价值观上的大众方向，就是以最广大人民群众的共同利益为最高价值目标和标准。"一个时代的合理的价值体系就是这个时代进步人类的最高理想，它是共同的社会理想，也是个人的人生理想。……进步人类或人民大众的真实利益是最基本的"好"，合理的价值体系所要达到的就是基于人民大众的利益又合乎人性自由发展的真善美统一的理想境界。"① 建立以人民利益为基础的正义和仁爱的伦理关系，养成具有正义和仁爱的人格，正是为了实现社会主义与人道主义、大同团结与个性解放相统一的价值理想

第二，坚持价值观上的宽容精神，反对价值虚无主义。合理的价值导向应当是理想形态的价值观与现实可能性的统一，是广义的价值理想的实现。冯契提出的价值多样性和多层次理论，对协调处理社会共同价值原则、共同价值规范与千差万别的个体处境与诉求的关系问题，具有重要的指导意义。作为导向的价值只是多元合理价值体系中的一元，不能用一元价值强制性地否定其他价值。承认价值多元和价值分化，本身就意味着对他人价值信念的尊重和包容，既坚持自己价值信念的有效性，又自觉其有限性。而作为"导向"又意味着它应该是具有吸引力、凝聚力的价值观，一方面它尊重包容其他合理的价值观，另一方面它又明确拒斥不具健康性示范意义的价值观，靠不断强化自身的吸引力获得价值认同。因此，合理的价值导向，既要旗帜鲜明地反对价值虚无主义，又要为人们的价值追求和价值实践提供目标、方向和精神动力，以新型伦理关系为中心来组织和安排社会政治生活，以人民的真正利益为基础来确

---

① 冯契：《人的自由和真善美》，《冯契文集（增订版）》第三卷，上海：华东师范大学出版社，2016 年，第 102 页。

立社会基本价值理念和行为规范。马克斯·韦伯针对当时德国社会发出的警示，至今仍发人深省：在一个没有"先知"和"偶像"的世界制造出某个虚假的"先知"和"偶像"，它对人的社会生活不可能产生真实的规范力量，更无法在现实的社会生活中获得有效性证明。

# 第四章

## 劳动伦理话语形态

中国式现代化实现了劳动正义对资本正义的超越，将公平正义的支点从资本转向劳动，推进了正义形态从资本正义向劳动正义的转换，即生产正义与分配正义的统一。劳动正义更加关注人的自由和全面发展，促进人在现代社会生活中的自由个性和潜能的充分实现，是自然存在和自由存在的结合。本章通过对中西方劳动观念的梳理与对比，从观念史、社会史、经济学等跨学科研究的视角，系统考察中国现代化进程中劳动观念和劳动形式的新变化，以期深化对以下议题的新思考：如何理解劳动与资本的纠葛、劳动与正义的关系？如何定位劳动与核心价值观的关系问题？如何推进对马克思劳动价值理论的新发展？

## 第一节　现代劳动观念的演进

劳动观念既可以描摹社会性状与时代精神的某些表征，也可以透视社会心理与社会机理的深层次变动。马克思之前西方劳动观念的演变史事实上表现为体力劳动观念变迁的历史，"劳动"只被视为满足人自然存在性的需要，是人有限性的表现，因而是不自由的；直到马克思，劳动才实现了作为对人的自然本质规定性向自由类本质规定性的转变，因而才有了整体上统一的内涵；当代西方思想家则在继承、批判马克思劳动理论的基础上，并结合新的时代特征对劳动问题进行了新思考。西方劳动观念的演变史从根本上反映出生产自身的劳动向发展自身的劳动转变的趋势。通过对西方劳动观念史流变的系统考察，可以为我们深刻反省和洞悉当前中国社会劳动观念的新动向提供重要的参照，具有多重启发意义。

国内理论界关于劳动问题的讨论主要是围绕马克思的劳动理论展开的，大致呈现为三种研究路向。其一是直接针对马克思劳动理论中的相关问题展开，如劳动异化、生产劳动与非生产劳动、抽象劳动与具体劳动等问题，对这些问题的讨论主要集中在 20 世纪 80 年代到 90 年代前期，并且随着新资料的发现不断有所推进。其二是对现代西方其他哲学家有关劳动问题的理论研究，但是这些研究大多也无法回避与马克思劳动理论的比较，而且他们的观点或理论很多是对马克思劳动理论的发展或回应，如卢卡奇以劳动为核心构建的社会存在本体论，马尔库塞、哈贝马斯以及阿伦特对马克思劳动观念的反思和批判，迈克尔·哈特（Michael Hardt）和安东尼奥·奈格里（Antonio Negri)① 的非物质劳动理论，以及皮凯蒂对劳资分配问题的研究等，这些研究随着近些年对当代西方马克思主义理论的研究而得到重视。其三是对劳动观念史的梳理考察以及应用性的研究，把对劳动问题的关注深入到社会实践中，关注企业内部的劳资关系以及劳动与分配正义等问题。

　　本章的研究不同于其他对劳动观念史的研究，而是致力于对劳动观念史研究的研究。以往对劳动观念史的考察，或是关注劳动观念在社会史中的演变，或是关注劳动概念的内涵在历史中的扩展或分化，而事实上在劳动没有获得独立的形态之前，在历史的不同时期，人们对劳动的不同态度常常并不是针对一个在内涵上具有同一性的"劳动"概念而言。这也即是说，在劳动没有取得独立形态之前，在不同历史时期人们表现出的不同"劳动观念"或许只是对某些劳动活动的态度，甚至是与"劳动"本身无关的态度。直到黑格尔，劳动才获得了自然合理化的形态，并最终在马克思那里获得了本体论意义上的确认，劳动概念才在真正意义上获得了独立的形态。马克思之前西方"劳动"观念的演变史事实上更像是体力劳动观念的演变史。

────────────────

① 安东尼奥·奈格里又译为安东尼奥·内格里，本书在正文中译为"安东尼奥·奈格里"，在脚注中保留引文出处的原译法。

马克思之后西方社会关于劳动问题的一些新的讨论，主要包括卢卡奇以劳动为核心构建的社会存在本体论，马尔库塞、哈贝马斯以及阿伦特对马克思劳动观念的反思和批判，迈克尔·哈特（Michael Hardt）和安东尼奥·奈格里（Antonio Negri）的非物质劳动理论，以及皮凯蒂对劳资分配问题的研究，这些讨论总体上是围绕马克思的劳动理论并结合劳动在当代经济社会领域的新变化、新特征展开的；通过对西方劳动观念的演变史进行深层分析，揭示出生产自身的劳动与发展自身的劳动来把握从古到今的西方劳动观念变化的特征和趋势，进而可以增进对中国社会劳动问题的认识。

伴随着文艺复兴和启蒙运动的发展以及科学技术的进步，近代西方思想家们开始深入思考作为整体意义上的人与劳动的关系，劳动之于人的积极意义被越来越关注。例如狄德罗在其主编的《百科全书》中，就指出劳动是人生快乐的源泉，并对基督教神学时代轻视手工业劳动的思想提出批判。劳动在现代思想史中的地位跃升，离不开斯密和黑格尔的重大理论推进。斯密从社会经济领域的视角系统地阐释了劳动价值理论，认为劳动是一切财富的源泉，并且深入探讨了劳动分工以及劳动在政治经济体系中的地位问题。虽然早在斯密之前，洛克在《政府论》中解释私有财产时就曾指出，财产始于个人劳动，而且英国古典政治经济学创始人威廉·配第也说过那句著名的话，"劳动是财富之父，土地是财富之母"，但斯密依然可以说是系统深入阐释劳动价值理论的第一人。在《国富论》中，斯密就明确指出："一国国民每年的劳动，本来就是供给他们每年消费的一切生活必需品和便利品的源泉。"① 而斯密关于劳动分工

---

① ［英］亚当·斯密：《国民财富的性质和原因的研究》（上），郭大力、王亚南译，北京：商务印书馆，2017年，第1页。

问题的探讨更是达到了一个前所未有的高度，他不仅解释了劳动分工对促进生产效率提升的作用，而且也意识到了分工导致的劳动者的狭隘化问题。更重要的是，他通过对分工的解释，分离了人与职业之间的依附关系，人与人之间并不因为其职业不同而表明其能力上有差异，而恰恰是劳动分工导致了人们能力之间的差异。而在黑格尔那里，劳动的概念成为哲学讨论的主题，他从哲学的高度阐释了劳动与人的关系。黑格尔将劳动视为人塑造自我生命和世界的基本方式，是精神自我把握的重要环节。一方面，人们通过劳动塑造着世界，满足自身生存——这不同于动物单纯对自然的消耗，人类劳动对世界的改造是一种具有创造性的力量，是对自然的一种肯定性的否定，从而建立起某种独立自主的东西；另一方面，劳动作为人自我外化的表现形式，人也在劳动中直观到自身存在，从而使人从自然对象当中分离出来，即人不再是纯粹的自然存在物，而是一种有自我意识的自为的存在物。正如黑格尔所说，"劳动是受到限制或节制的欲望，亦即延迟了的满足的消逝，换句话说，劳动陶冶事物。对于对象的否定关系成为对象的形式并且成为一种有持久性的东西，这正因为对象对于那劳动者来说是有独立性的。这个否定的中介过程或陶冶的行动同时就是意识的个别性或意识的纯粹自为存在，这种意识现在在劳动中外在化自己，进入到持久的状态。因此那劳动着的意识便达到了以独立存在为自己本身的直观"①。不过在黑格尔的哲学体系中，劳动虽然重要，但也只是绝对精神展开到自我认识或直观的中间环节，因而只能说是有某种意义上的工具价值，真正重要的是绝对精神本身。

---

① ［德］黑格尔：《精神现象学》（上卷），贺麟、王玖兴译，北京：商务印书馆，1979年，第130页。

如果说劳动在黑格尔那里还只是一种存在"间性"的问题，那在马克思那里劳动则在直接意义上表达了存在。正是在马克思那里，劳动才成为真正独立的、具有一阶意味的观念。马克思主要从三个方面阐述了其劳动观：一是从本体意义上确认了劳动是人的现实的本质属性；二是从政治经济学的角度系统阐释了科学的劳动价值理论；三是从历史现实的实践角度说明了劳动者的改革和革命问题。马克思既继承了黑格尔关于劳动在自我生成和自我确认中的重要作用的理论，也批判了黑格尔仅将劳动视为绝对精神自我循环过程的精神劳动的观点，从而直接确认劳动就是人的现实的活动。在马克思看来，劳动是人类存在的唯一方式，人类只有在劳动之中才发现了自身的类本质，正如马克思所说的，"当人开始生产自己的生活资料，即迈出由他们的肉体组织所决定的这一步的时候，人本身就开始把自己和动物区别开来"①。而且劳动在马克思那里主要指的就是生产活动，并认为劳动包括三个要素，即劳动者、劳动工具和劳动对象，劳动过程就是劳动者运用劳动工具作用到劳动对象的过程，在劳动过程中，劳动者处于主导地位。马克思关于劳动要素的说明也表明，作为劳动者的人同时还处在必然王国之内，劳动本身就离不开自然的空间和物质条件。但是人本质上作为"自由的有意识的类存在"②，对自由自主的劳动的追求则才更符合人的类本性。正是在马克思这里，劳动成为指向人自身的观念，从而也使得劳动观念成为一个整体，一切劳动在属人的本质性上而获得了形式上平等的样貌——任何劳动不分贵贱——进而在抽象意义上被认同，对劳动的观念才成为真正对劳动自身的观念，而不是对何种劳

---

① 《马克思恩格斯文集》第 1 卷，北京：人民出版社，2009 年，第 519 页。
② 马克思：《1844 年经济学哲学手稿》，北京：人民出版社，2006 年，第 57 页。

动的观念。劳动成为了对人的定义，劳动被以人的眼光所发现，劳动与人的本质之间建立起最为直接而紧密的联系，对劳动的赞美即是对人存在本质的赞美。马克思对劳动的高扬也突出体现在对人劳动本质的确认中，通过对劳动的人道来维护对人的人道，或者说人道必须体现为对劳动者的人道。

从上述"劳动"观念演变的历史看，某一历史时期内，人们关于"劳动"的观念是和这一时期内人们的整体世界观分不开的，人们对劳动所持的观念是随着对于世界的不同哲学解释而变化的，因而"劳动"观念的演变史甚至可以看作是不同哲学本体论在现实世界斗争的一种外化。当然，推动着"劳动"观念发生变化的并不单纯是哲学认知的力量，因为人们在哲学本体论认知上的变化也和社会实践的发展有着紧密的关系。可以说，"劳动"观念的变化一方面是劳动在自为意义上展开的结果，即由劳动推动着的社会实践同时也推动着社会在"劳动"观念上的变化，同时也表现为不同哲学本体论之间斗争的结果，即不同哲学观念主导下的"劳动观念"会有差异，表现相同的"劳动"观念其哲学解释的根源也可能不同，人们在"劳动"观念上的发展和差异就是这两者共同推动的结果。

## 一、 从生产自身的劳动到发展自身的劳动

不论是从古希腊到马克思的"劳动"观念的演变，还是当代西方对劳动问题的新思考，都在相当程度上体现出一种"人"的面向——这种面向表现为对"劳动"的关注和解释始终都和人存在的现实性和理想性问题联系在一起，所谓现实性是指人的自然性的存在问题，所谓理想性则是指人的自由问题。趋向自由的劳动或者说

对自由劳动的追求是隐藏在这些观念或思考背后的基本诉求。

如果从"人"这一面向出发，西方劳动观念的演变实际上反映出了人对生产自身和发展自身的关注，前者是要活着，后者是要自由。因而人类的劳动活动也可以分为生产自身的劳动和发展自身的劳动。前者是人为了满足自身生存的基本需求，满足人作为自然物种的延续而进行的劳动，这是处在"必然王国"内的劳动；后者则是作为意识到自身类本质的人，在其本质属性支配下而自由进行的劳动，以维系和实现人的类本质为目的，这是趋向"自由王国"的劳动。根据这种划分，我们能更好地理解西方劳动观念演变背后透显出的劳动问题的真义。

从古希腊到马克思的西方"劳动"观念史虽然说都是指向"何种劳动"的，但也不能因此就说那些时代不存在真正的关于劳动的观念，最多只能说那些时代缺乏一个内涵统一的劳动的观念。不过，"劳动"观念的演变史却也表明，在历史语境中"何种劳动"经常被视为劳动的全体被对待，在相当长的历史时期内，体力劳动就等于整个劳动本身。实际上一直到现在，在现实生活中人们也没有很好地区分"何种劳动"与"劳动"，日常语境中经常并不存在着一个抽象统一的"劳动"概念，"劳动"的概念经常是以"何种劳动"的面目存在。就像从五四运动前期至今一直提倡的"劳动光荣"观念，这无疑是针对抽象意义上的劳动而言的，是就劳动属人的本质性上说的，在这个意义上，劳动是抽离了具体行业的，因而当这种观念指向社会实际则表达出了职业无贵贱高低之分，一切工作都在劳动属人的本质性上而获得平等。

用职业观念代替劳动观念不仅是已经过去的历史，而且是正在上演的历史。纵观整个西方劳动观念演变史便不难发现，在"劳动"取得统一的形态之前，人们关于"劳动"的观念实际上更加接近一种职业观念，而在"劳动"取得统一的形态之后，人们生活常识中的劳动观念却依然延续了其在历史中的形态特征。整个"劳动"观念演变的历史实际上更像是体力劳动观念演变的历史，在这一历史进程中处处充满了对体力劳动的歧视和偏见——虽然有些体力劳动也受到认可，而且宗教改革运动以来，"劳动"地位也一直处在上升阶段，但是这些都无法否定体力劳动整体上受轻视的地位。因为某些类型的体力劳动虽然被认可，比如古希腊和中世纪时期自耕农的劳动，但是相较于其他类型的实践活动而言——像哲学沉思以及政治事务，这些在过去的时代中甚至并不认为是劳动——体力劳动的地位依然是比较低的，这不仅反映在柏拉图的理想城邦的设计中，而且中世纪社会的分层也能表明体力劳动被严格限制在社会底层；而近代劳动地位的"上升"，更大的意义上只是表明"劳动"不再被视为诸神对人的惩罚而获得现实的合理性，体力劳动受轻视的地位并没有彻底改观。人类总体上对繁琐而沉重的体力劳动有着一种近乎天然的厌恶感，一直以来，摆脱持续而艰辛的体力劳动不仅可以说是大多数人的追求，甚至也是人类社会不断寻求科技进步的重要动力之一。那么这种厌恶感的根源是什么？这不单单是人在天性上就趋利避苦所能解释的，尤其是当劳动本身也被认为是人不可压抑的必然本性之时。

　　排除了"劳动"是诸神对人的惩罚这样的神学因素，对繁琐而沉重的体力劳动的厌恶就是真正的属人的因素了。在属人的意义上，体力劳动一方面就其作为人维持生存的必要条件而言，具有自然的合理性，另一方面又因其从属人的需要层次而言，具有局限性。就前者来说，劳动不仅是寓于人之中的天然的能力，而且也是人必然要实现出来的能力，离开劳动人类社会就无法存在和发展，就像恩格斯说的，劳动"是整个人类生活的第一个基本条件，而且达到这样的程度，以致我们在某种意义上不得不说：劳动创造了人类本身"①。像古希腊时期那种认为"劳动"只是属于下等人或者奴隶的观点，也是因为底层平民或奴隶的劳动使得贵族阶层有机会摆脱繁重的体力劳动，这恰恰说明了劳动是维持人存在的自然本质属性；即使到了当代社会，随着科学技术的进步，越来越多的人从繁琐而沉重的体力劳动中摆脱出来，但是就人类整体来说，劳动依然是人类不能摆脱的宿命。就后者来说，大多数人从事繁重的体力劳动基本上是为了满足基本生存而进行的——在生产力低下的古代社会，奴隶只有艰辛劳作才可能有机会存活下去，而大多数的农民和手工业者辛勤劳作最多也只是满足温饱，到现代社会人们从事体力劳动虽然除了能满足基本生存外还能获得其他方面的满足，但仍然有很多人只能维持温饱——更多地是服务于人的欲望，而欲望的部分一般被认为是属人的最低级的部分，仅在追求基本欲望满足意义上的人和动物之间很难说有本质性区别。如果只陷入这样的活动中，人作为"自由的、有意识的类存在"的本质就被压抑了，人感受不到自由，但同时人又趋向于自由本性，因而也就会对这样的劳动产生厌恶。

但也并非所有的体力劳动都令人厌恶，因为就劳动作为人存在的基本方式和本质属性看，人并非就必然厌恶体力劳动，令人生厌的是在这种劳动面前的无能为力感，人被严格限定在自然的"必然王国"之中，而人的本质所趋向的是一个"自由王国"。其实，就人作为一般物种来看，只要人还需要生存，人就无法摆脱这个"必然王国"，人对自身的生产永远都受制于这个"必然王国"；而就人的类本质而言，人永远都无法满足于这个"必然王国"，人要追求自由，除了基本生存以外，人还追求自身的发展。生产自身和发展

---

① 《马克思恩格斯全集》第20卷，北京：人民出版社，1972年，第508页。

自身，正是人类同时具有"必然王国"和"自由王国"的双重身份属性的实际表达。

生产自身的劳动与发展自身的劳动之间并没有严格的先后顺序，而且也并不与体力劳动和非体力劳动有对应的关系，这种对劳动的区分是以人劳动时的整体性状——包含了人从事劳动时的目的和主体意志，更加关注人自由性的实现问题——进行的，并不仅仅是由劳动形式的不同决定的，而是和人的解放问题关联在一起的。虽然从整个人类社会发展的历史以及人类整体存在的需求来看，发展自身的劳动总是建立在生产自身的劳动的基础上，但从个体角度来看，发展自身的劳动却并不一定就需要这样的一个基础，而且发展自身的劳动和生产自身的劳动之间的表面界限可能也并不十分明显。从事同样的劳动，对有些人而言可能就是一个被动的过程，这种状况下人被劳动所奴役，也就是被原本属于他的本性所奴役，他就不自由，他所从事的劳动也仅只是生产他自身；而对另外一些人来说则可能是主动选择的结果，这种劳动是其自由本性实现的现实的途径，在这样的劳动中他就现实地扩展了他的自由，发展了他的本性。就体力劳动而言，当体力劳动仅是为了满足自身基本生存时，它就只是属于生产自身的劳动，它就在"必然王国"之中，而远离人的自由本性；当体力劳动成为个体主动且有意为之的时候，它就不仅是属于生产自身的劳动，而且更是发展自身的劳动，它才是"自由王国"的事情，扩展并实现着人类的自由。虽然说劳动作为人实现自我主体意识的中间环节，生产自身的劳动同样也应该能使人意识到自身的主宰性，尤其是对自然的主宰性，但实际上生产自身的劳动更大程度上反映了人在自然面前对自我宿命的无力感，人必须通过劳动先生产自身才能够支配自身，做自己想做的事情，这更多的是一个被动的过程。而发展自身的劳动则是严格属己意义上的劳动，才真正地体现出了人对自身的主宰性。总的来看，从古希腊一直到中世纪对"劳动"的轻视可以说就是对那种仅只是生产自身的劳动的不满，这种不满恰恰来源于对理性和自由作为属人的本性的认同，而高扬理性和自由精神正是西方哲学的重要传统。

从生产自身的劳动向发展自身的劳动的转变，既是人类实践发展的结果，也是人类关于劳动追求的必然趋势，尤其是在当代社会这一点不仅得到了集中验证，而且当代经济社会的发展也使得成功实现这一转变越来越成为可能。但是这一转变趋势并不表明发展自身的劳动对生产自身的劳动的完全取代，而用"生产自身的劳动"和"发展自身的劳动"来表达这一趋势，旨在现实意义上表明人类劳动实践发展趋势的根本特征——这种特征不在于劳动形式在具象上的某些变化，而在于所有劳动形式在具象上的变化都表达着人类在劳动实践上朝着主体自我实现的方向上去发展的特征——当代劳动越来越体现出内在于主体的特性，并且在不同主体之间的劳动合作中进一步促进了主体的觉醒，这是其与传统生产劳动的根本不同；而在象征意义上，这种表达则直接表明趋向自由的劳动这一人类对劳动的追求目标和特征。当代西方劳动观念的众多理论在总体上也体现出这种转变的特征，只不过"生产自身的劳动"与"发展自身的劳动"这些表达还表明了劳动在当代的新发展并没有超出马克思劳动理论理解的框架，并且坚持了对人类自然必然性的承认——人类的发展必然要立基于自身生命存在性之上，因而不可能完全摆脱物质生产的劳动。

## 二、 对深化认识我国当前劳动问题的启示

从西方劳动观念的演变历史以及由此呈现出的从生产自身的劳

动向发展自身的劳动变迁的趋势，我们不难看出当前中国社会出现的劳动问题，即对体力劳动的某种轻视，在一定意义上并不具有特殊性。不仅从古希腊一直到近代的西方传统是如此，而且在中国文化中也不乏"劳心者治人，劳力者治于人"（《孟子·滕文公上》）这样的传统，可以说对体力劳动的轻视是在整个人类社会文明发展的历史进程中都存在的现象。

劳动问题之所以在当今的中国社会凸显出来，很大程度上源于改革开放后整个社会对待劳动的态度发生了巨大变化，因而呈现出历史阶段性特征。可以说近代以来"劳动"在中国社会经历了一个从合理化到政治高扬再到市场贬低的过程，尤其当前体力劳动者地位不受认同，劳动也了失去往日的荣耀，这种状况与改革开放前劳动者的社会地位和政治地位形成了鲜明的对比，具有明显的"时代特征"。一方面改革开放后对富裕的肯定逐渐使得财富多寡成为人们获得社会认同的重要标准，而且市场经济发展的进程中也在一定程度上催生了拜金主义的观念，这些都使重结果而不是重过程，重财富而不是重劳动成为较为普遍的社会价值观形态；另一方面伴随着市场经济的发展，劳资在财富分配上的不平等越来越严重，不仅一般的生产劳动（多数情况下属于体力劳动）所能获得的报酬水平与社会整体收入水平相比依然比较低，而且依靠劳动所能获得的报酬与依靠资本获得的报酬之间的差距越来越大，甚至可以说我国市场化改革的过程实际上是资本不断被重视的过程，这也就使得劳动与资本在实质上的地位与其形式上获得的地位越来越不匹配。另外，考虑到西方"劳动"观念的演变史所表现出来的结构特征，当前关于劳动认识观念的分化，在某种程度上也深刻反映了中国社会价值观念形态多元化特征。我们的市场化过程中，也没有西方那样的宗教性背景，因而就更少有对劳动"天职"的神圣感。因此我们更加需要的是站在中国的文化传统背景之上，基于中国当前劳动问题产生的历史背景与当代中国社会发展的现实来思考中国的劳动问题。基于这种认识，对当前中国社会的劳动问题的思考至少应该考虑到以下四个方面的问题：

第一，如何认识当前中国社会出现的劳动问题？这里说的"认识"指的是要弄清楚中国社会当前劳动问题的现状与特征。除了上文提到的总体表象外，劳动问题在认知层面、经济层面、文化层面等还有着不同的具体表现，而且这些不同层面的问题又会交织在一起。比如由于当前劳动形式发生的巨大变化，传统的生产性劳动正在没落——就像哈特和奈格里认为的，"非物质劳动"在当代社会取得霸权——劳动与非劳动之间的界线也变得日益模糊，然而这些变化了的劳动形式有时并不被视为劳动，人们生活语境中的"劳动"经常还是指生产性劳动而且更接近体力劳动，对体力劳动的歧见也就成了人们对"劳动"的歧见。如果不梳理清楚劳动在这些层面上的不同表现及其相互关系，就很容易导致我们在劳动认识问题上的混乱。

第二，如何评价当前中国社会劳动领域发生的变化？评价其实也是一种认识，但是这种认识不同于前一个问题中说的"认识"，前一种"认识"侧重的是劳动问题的客观性方面，而评价则侧重于主体的意见方面。如果我们视劳动领域的这些变化为自然，那显然也就不会出现所谓的劳动问题，那做这样的一个研究和分析也就没有了意义。而且评价也将对"劳动"的认识导向了规范的方面，这有助于我们深化对劳动与社会发展的现实以及趋势之间关系的把握，同时也会进一步引导我们思考劳动问题以外的其他问题。而我们若能做出一种评价，就必定有一个评价标准的问题，也即我们根据什么对劳动的这些变化做出这样的评价，而这就指向了我们解决劳动问题的目标问题。

第三，劳动与劳动者应被安置于什么样的合理地位？这是着手解决劳动问题的首要问题，它不仅是关于解决劳动问题的目标问题，也是如何确立劳动在当代变化的评价标准问题。要解决这个问题，就要求我们至少要对新中国成立后到改革开放前这一时期的"劳动"观念变迁做系统考察，同时还要对整个中国社会传统的劳动观念流变有通观的认识。

第四，当前条件下如何恢复劳动与劳动者的"合理地位"？这是对解决劳动问题的方法和动力机制的考虑。仅就上文提出的对中国社会当前劳动问题的浅见来说，促进劳资收入分配结构合理化将会是一个现实的必要措施，但是从劳动与人的自由性问题上看，引导人们形成正确的劳动观念似乎才是根本。考察劳动形式变化是如何影响了人们关于"劳动"的观念，以及这种从观念到社会运行之间的相互作用机制，将会是一项极为重要的研究工作。

## 第二节　中国现代劳动话语变迁

从"劳工神圣"到"劳动光荣"，劳动观念在中国的变迁曾经承载了时代的精神风向和价值坐标。改革开放以来，劳动观念和劳动形态呈现出多元化发展态势。对劳动的推崇虽然并没有从国家政治生活中退隐，却不再是政治热情之所在，劳动话语的主导性地位逐渐边缘化。在社会生活层面，从事劳动生产已难以被视为获得社会认可的重要因素，尤其是伴随着市场经济的发展以及收入分配方式的多元化，通过传统的劳动生产方式所得收入与非劳动收入之间的差距越来越大，普通劳动者越来越难以单纯从一般性劳动中获得存在感和尊严感。在个体美德层面，虽然在品德教育中还强调"德、智、体、美、劳"全面发展，实际上劳动教育越来越受到忽视。围绕着"劳动"应不应该被纳入社会主义核心价值观，曾经出现了诸多争论，劳动与社会主流价值之间的关系亦趋复杂化态势。

"劳动"始终是研究当代中国社会变革一个绕不过去的重要概念。若要从总体上呈现和把握当下的劳动问题，需要重新认识劳动观念的成长变迁史，即从思想史与社会史还原相结合的角度，考察劳动观念在百年中国的历史命运与行程折变，才能更加清晰地理解当前劳动问题的实质及其走向。美国著名观念史家诺夫乔伊指出："作为观念史的最终任务的一部分就是运用自己独特的分析方法试图理解新的信仰和理智风格是如何被引进和传播的，并试图有助于说明在观念的时尚和影响中的变化得以产生的过程的心理学特征，如果可能的话，则弄清楚那些占支配地位或广泛流行的思想是如何在一代人中放弃了对人们思想的控制而让位于别的思想的。"① 在中国现代性与启蒙伦理的历史语境中，劳动观念是如何在同其他观念的竞争中脱颖而出，并成为"占支配地位或广泛流行的"社会观念的？取得支配地位后的劳动观念又是如何与其他社会观念深入互动，以新的意识形态重构了国家、社会和个体认同的统一的？随着资本力量的强势崛起，具有支配性地位的劳动价值观念日益衰落，与之相应的是多维价值观念的光谱，在多元价值的纷争中难以形成统摄性的价值观念。由于具有奠基性价值观念的缺失，社会核心价值观的建构面临着两大难题：一是公民身份认同的价值基础和整合问题；二是多重价值观之间难以相互贯通，加大了社会碎片化的风险。

---

① ［美］诺夫乔伊：《存在巨链——对一个观念的历史的研究》，张传有、高秉江译，南昌：江西教育出版社，2002 年，第 20 页。

## 一、 启蒙伦理与现代"劳动"观念的觉醒

"劳动"一词在古汉语中很早就已经出现。"劳动"通常指的是一般的劳作、活动。在"大传统"的观念解释中,"劳动"一般被理解为"小人之事";虽然"勤劳"曾被冠以美德之一,但基本上劳动还只是事生的需要、谋生的手段。古代的"劳动"观念还只是基于生活经验而对某些类型的活动的类称和评价,还没有上升为边界清晰、结构确定的概念。① 现代汉语中的"劳动"概念不仅具有了抽象的一般意义——人类创造物质财富和精神财富的活动,而且成为了解释社会存在和发展的重要术语。

中国社会现代"劳动"观念的觉醒,大致可以"劳工神圣"口号的提出为标识。1918 年 11 月 16 日,在庆祝第一次世界大战胜利的民众大会上,蔡元培发表了关于"劳工神圣"的著名演讲。② 他指出:"此后的世界,全是劳工的世界呵!""我说的劳工,不但是金工、木工等等,凡用自己的劳力作成有益他人的事业,不管他用的是体力,是脑力,都是劳工。所以农是种植的工,商是转运的工,学校职员、著述家、发明家,是教育的工。我们都是劳工。我们要自己认识劳工的价值! 劳工神圣!"③ "劳工神圣"的口号一经提出,便得到了知识界和劳动界的积极响应,并很快取代"德先

① 高瑞泉:《"劳动":可作历史分析的观念》,《探索与争鸣》2015 年第 8 期,第 26 页。
② 岳凯华:《蔡元培与"劳工神圣"》,《光明日报·理论周刊》2005 年 11 月 8 日,第 7 版。
③ 蔡元培:《劳工神圣——在北京天安门举行庆祝协约国胜利大会上的演说词》,《北京大学日刊》第 260 号(1918 年 11 月 27 日)。见蔡元培:《中国伦理学史》(外一种),太原:山西人民出版社,2020 年,第 214 页。

生"与"赛先生"成为当时最响亮的口号。《民国日报》曾发表文章称赞蔡元培的这篇演说，"将众人脑筋里深深地藏着的'劳工神圣'，一声叫破了出来，于是众人都被他喊着，就回答一声'劳工神圣'"①。这场演讲破天荒获得了社会上无数人的回响和景仰。

在"劳工神圣"的精神感召下，进步青年知识分子开始深入劳工群众进行宣讲，尝试唤醒更多劳工群众的意识。1919年3月，在蔡元培的支持下，当时还在北京大学读书的邓中夏发起了平民教育讲演团，深入工人群体和农村进行演讲。1920年北京大学隆重举行了庆祝五一劳动节的纪念活动，北京大学学生为此罢课一天。李大钊形象地阐述了纪念五一劳动节的原因："希望诸位常常纪念着'五一'节，把全世界人人纪念的'五一'节，当作我们一盏引路的明灯，我们本着劳工神圣的信条，跟着这个明灯走向光明的地方去。"② 与此同时，北京大学的进步青年知识分子和何孟雄等工读互助团的团员在北京发起了纪念五一国际劳动节的游行，游行中出动了两辆标有"劳工神圣"等字样的红旗汽车，并沿街散发了数千张《五月一日北京劳工宣言》，以唤起工人为反对剥削、争取自身权利而斗争。邓中夏到北京长辛店，向铁路工人散发《五月一日北京劳工宣言》并发表讲演；平民教育演讲团也发表了诸如《劳动纪念日与中国劳动界》《我们为什么纪念劳动节呢?》之类的演讲，阐述劳动节的历史和意义。李大钊则鼓励青年知识分子要在农村"安身立命"，认为青年应该一边劳动，一边去做"开发农村，改善农

① 卢玄：《"劳工神圣"底意义》，《觉悟》（《民国日报》［上海］副刊）1920年10月26日。
② 刘明逵、唐玉良主编：《中国近代工人阶级和工人运动》第3册，北京：中共中央党校出版社，2002年，第767页；岳凯华：《蔡元培与"劳工神圣"》，《光明日报·理论周刊》2005年11月8日，第7版。

民生活的事业","把黑暗的农村变成光明的农村,把那专制的农村变成立宪的农村"①。因此,在乡村,除了平民教育的宣讲,一些知识分子还开展了"新村运动"的社会实验,"新村运动"旨在普及乡村教育,主张知识分子下乡参加劳动,如20世纪20年代初王拱璧在家乡创建的青年公学,20世纪30年代陶行知创办的乡村工学团,便是"劳工神圣"这一观念在知识分子中发挥作用的结果,同时也促进了劳动观念在广大农村人口中的觉醒。

文学是时代思想的先声。"劳工神圣"口号的提出,在文学界产生了巨大反响。文学上的变革进一步激发了劳工群众劳动观念的觉醒,关注底层劳工群众生活的文学创作开始涌现。20世纪30年代左翼作家联盟的作品,如茅盾的《子夜》《林家铺子》《春蚕》、蒋光慈的《咆哮了的土地》等特别关注大众的劳动生活。此外,一批大众文学刊物应运而生,像《大众文艺》《拓荒者》《文学导报》《北斗》《文学》《文学月报》等。尤其值得一提的是,刘半农等人用新诗去反映底层群众的生活,掀起了一股"新悯农诗"的风潮。刘半农被誉为五四时期的贫民诗人,像《铁匠》《一个小农家的暮》《相隔一层纸》等诗作都是以社会最底层的"小人物"为创作对象,唱出了人世间的疾苦不平。这些文学作品在激活劳动者的情感、推动劳动观念的传播等方面发挥了不可替代的作用。

"劳工神圣"口号的提出,第一次真正使"劳动"进入了中国人的社会公共生活视野,不少知识分子和底层劳动群众开始用"劳动"的眼光来重新审视自己的社会作用,并以"劳动"为核心建立

---

① 李大钊:《青年与农村》,《李大钊全集》第二卷,北京:人民出版社,2006年,第307,306页。

起自身的身份认同。陈独秀、李大钊等早期中国马克思主义者围绕"劳动"进行了深入思考，马克思主义劳动观逐渐成为阐释"劳工神圣"口号的核心理论资源。五四运动以后，随着马克思主义在中国的传播，早期马克思主义者开始创办针对普通劳动者的简明刊物来宣传"劳工神圣"的思想，以期唤醒更多劳动者。1920年的五一劳动节当天，全国各地举行了多种形式的庆祝纪念活动和示威游行，北京的《晨报》，天津的《大公报》，上海的《民国日报》《时报》和《申报》等主要报刊或发表纪念文章，或以大篇幅报道各地庆祝"五一"的盛况。正如当天的《民国日报》所言："五四运动以后，新文化的潮流滚滚而来，'劳工神圣'的声浪也就一天高似一天。"[1]《劳动界》《劳动音》《劳动者》都是周刊，分别是上海、北京、广东的共产主义小组向工人传播马克思主义革命话语、指导工人运动的通俗刊物。[2] 这三份兄弟刊物分享共同的宗旨，即启发工人阶级觉悟，促进工人阶级团结，推动工人运动的发展。正如《劳动界》创刊号所说："工人在世界上已经是最苦的，而我们中国的工人比外国的工人还要苦……我们中国工人不晓得他们应该晓得的事情……要教我们中国工人晓得他们应该晓得的事情。"[3] 这些刊物都讴歌劳动的伟大、劳工的神圣。陈独秀在《劳动界》发文称："劳动力是什么？就是人工。世界上若没有人工，全靠天然生出来的粮食，我们早已饿死了。……我们吃的粮食，住的房屋，穿

---

① 《劳工节的北京》，《民国日报》（上海）1920年5月1日。
② 中央编译局研究室：《五四时期期刊介绍》第2集上册，北京：生活·读书·新知三联书店，1959年，第75页。
③ 汉俊：《为什么要印这个报？》，《劳动界》第1册（1920年8月15日）。见罗全仲编著：《中共一大代表李汉俊》，成都：四川人民出版社，2000年，第97页。

的衣裳，都全是人工做出来的。……（所以人们才说）'劳工神圣'。"①《劳动音》也指出，劳动是"进化的原动力"，要提倡"劳动主义"；《劳动者》则歌颂了劳动者的伟大，倡导"只有做工的人，是最有用的人，是最高贵的人"②。这些刊物语言通俗易懂，深受工人好评，被誉为"工人的喉舌""工人的明星"③；虽然存在时间不长，但是影响很大，对于唤醒工人的觉悟以及工人运动的开展起到了极大推动作用。

综观这一时期以"劳工神圣"为引擎的劳动观念的兴起和传播，其间带有明显的思想启蒙的意味。思想启蒙是近代中国社会面临的一项重要任务，也是中国现代性成长中一个深刻的伦理命题。从魏源、林则徐等最早一批放眼看世界的传统士大夫介绍西方社会观念开始，到维新派与洋务派、顽固派的论战，再到革命派与保皇派的论战，这些宣传和论战在某种意义上都是思想启蒙的一部分，在一定程度上开阔了中国人的视野，发挥了启发民智的作用。但真正意义上的思想启蒙则是由新文化运动所开启。《新青年》是新文化运动的主要阵地，也是思想启蒙的路标。新文化运动致力于思想的革命，陈独秀曾多次与友人谈起创办《新青年》的原因，他认为，民国虽立，但是，"中国还是军阀当权，革不成什么命，在中国进行政治革命没有意义，要从思想革命开始，要革中国人思想的命"④，"欲使共和名副其实，必须改变人的思想，要改变思想，须

---

① 陈独秀：《陈独秀著作选编》第二卷，上海：上海人民出版社，2009年，第243页。
② 《我亦工人，劳动者啊!》，《劳动者》第1号（1920年10月3日）。
③ 《劳动界》第5册"通讯栏"（1920年9月12日）。
④ 刘仁静：《回忆党的"一大"》，《"一大"前后：中国共产党第一次代表大会前后资料选编》（二），北京：人民出版社，1980年，第214页。

办杂志"①。要实现真正的民主共和政治，除了制度上的设计，更需要价值和伦理的觉悟。"伦理的觉悟，为吾人最后觉悟之最后觉悟。"② 陈独秀通过对中国现代化艰难历程的反省，提出国民觉悟由学术而政治，再到伦理渐次演进的过程，揭示了中国现代性启蒙的历史逻辑。新文化运动高举"民主"与"科学"大旗，反对封建专制与迷信；提倡白话文与新文学，以文化叙事方式的革新推动新思想的传播；以新道德代替旧道德，重建社会伦理观念与秩序。《新青年》早期专注于民主与科学的启蒙，后期则致力于马克思主义思想的传播。"劳工神圣"的口号提出以后，很快就取代了"民主"与"科学"，成为这场思想启蒙运动中呼声最高的口号与旗帜。

"劳工神圣"何以能够迅速取代"民主"与"科学"，进而成为思想启蒙的新号角？这是与当时所面临的国内与国际的政治经济形势分不开的，同时也与一些主要知识分子的经历有关。俄国十月革命的胜利，旅法华工的功绩，世界工人运动与国内工人运动的影响等等，这一切都显示了劳工的巨大力量。中国社会思想启蒙的任务并不只是国民观念的革新，还与"中国向何处去"的问题相关，与中国社会道路选择的问题相关。"劳工神圣"之所以成为最受推崇的口号，正是最早接触马克思主义的进步中国知识分子受到俄国革命的鼓舞，希望通过走社会主义的道路来解决中国问题，这条路向则是与"劳工神圣"紧密联系在一起。因此，可以说中国的思想启蒙运动带有十分明显的工具理性的特征，尚缺少对民众的理性认知

---

① 任卓宣：《陈独秀先生的生平与我的评论》，《传记文学》（台北）第 30 卷第 5 号（1977 年 2 月），第 12 页。
② 陈独秀：《吾人最后之觉悟》，《青年杂志》第一卷第六号（1916 年 2 月 15 日）。见任建树编：《陈独秀著作选编》第一卷，上海：上海人民出版社，2009 年，第 204 页。

能力的关注和培养，"劳工神圣"口号的提出和宣传也反映出这种工具理性的倾向。

"劳工神圣"的口号是思想启蒙的有力抓手，有力地促进了民主、平等、自由等现代价值观念的传播和落地，有利于更彻底地摧毁旧的伦常秩序，建立起符合现代文明发展趋势的伦理观念。对劳工、劳动地位的推崇是更具有实际意义的民主启蒙，正是"劳工神圣"理念的广泛传播，为民主思想的发育提供了现实的有效途径。比如，蔡元培即十分注重平等观念的培育，并通过对劳工的高扬来促进平等观念的落实；正是在劳动的意义上，人与人之间才真正具有了现实的平等基础。处于当时社会最弱势地位的莫过于劳工，他们是中国社会最大的不平等群体，而"劳工神圣"却唤醒了人们对劳工价值的认识以及劳工对自身价值的认识，并由此去获得自我的尊严和作为社会存在的尊严，就像蔡元培所说："我们不要羡慕那凭藉遗产的纨绔儿！不要羡慕那卖国营私的官吏！不要羡慕那克扣军饷的军官！不要羡慕那操纵票价的商人！不要羡慕那领乾修的顾问咨议！不要羡慕那出售选举票的议员！他们虽然奢侈点，但是良心上不及我们的平安多了！我们要认清我们的价值！劳工神圣！"[①]李大钊、陈独秀等人还将劳动与人生追求相联系，用劳动观念去承载起人生理想。李大钊将劳动视为人生快乐的根源："我觉得人生求乐的方法，最好莫过于尊重劳动。一切乐境，都可由劳动得来，一切苦境，都可由劳动解脱。劳动的人，自然没有苦境跟着他。这个道理，可以由精神的物质的两方面说。劳动为一切物质的富源，一切物品都是劳动的结果。……至于精神的方面，一切苦恼，也可

---

① 蔡元培：《劳工神圣——在北京天安门举行庆祝协约国胜利大会上的演说词》，《北京大学日刊》第 260 号（1918 年 11 月 27 日）。见蔡元培：《中国伦理学史》（外一种），太原：山西人民出版社，2020 年，第 214 页。

以拿劳动去排除它，解脱它。"① 对于普罗大众来说，他们的生命是劳动着的生命，他们的人生也是劳动的人生，他们的苦乐也必定和劳动相关，"劳工神圣"将民众的人生幸福观念与人生实践真正地结合了起来，求得人生幸福就是要求得劳动，进行劳动就是在追求人生幸福。陈独秀也反对只在维持生存的意义上来理解劳动，强调劳动对整个人生的意义，他指出："我们新社会的新青年，当然尊重劳动；但应该随个人的才能兴趣，把劳动放在自由愉快艺术美化的地位，不应该把一件神圣的东西当作维持衣食的条件。"② 通过对劳动的这些认识和阐发，使劳动观念能够更好地承载其他价值观念，以"劳工神圣"为口号进行思想启蒙就更加具有了现实的有效性。

不过，由于"劳工神圣"过早地接棒"民主"与"科学"的口号，承担起中国社会启蒙的重任，这就使得当时的中国社会"既难以在真正扬弃的意义上理解资本主义经济政治制度和思想文化的历史性进步，也难以在现代社会发展和全部人类优秀文化成果的深刻内涵上，全面把握马克思主义的革命理论"③。而且囿于中国当时底层劳工群体严酷的生存状况，这一时期围绕"劳工神圣"的宣传和行动实际上都是以底层工农的劳动为"劳动"的认可标准。虽然蔡元培、李大钊等人都区分了劳动的分工，承认有体力劳动和脑力劳动的区别，但此时的"劳动"更多指向的是体力劳动，如李大钊所说的"非把知

---

① 李大钊：《现代青年活动的方向》，《李大钊全集》第二卷，北京：人民出版社，2006 年，第 318—319 页。

② 陈独秀：《〈新青年〉宣言》，《新青年》第七卷第一号（1919 年 12 月 1 日）。见任建树编：《陈独秀著作选编》第二卷，上海：上海人民出版社，2009 年，第130 页。

③ 徐中振：《"劳工神圣"——一个不容忽视的五四新启蒙口号》，《江汉论坛》1991 年第 7 期，第 5 页。

识阶级与劳工阶级打成一气不可"①，都表明"劳动"实际上被等同于艰辛困苦的体力劳作，这甚至成了人们理解劳动时的一种普遍态度，直至今天仍对当代中国人的劳动认知有着深刻的影响。

劳动观念的传播与中国新民主主义革命的推进相伴而行，承担起了中国社会的思想启蒙责任。随着中国共产党领导的武装斗争的深入及其局部政权的建立，"劳工神圣"的影响进一步扩大，中国广大农民群体日益被唤醒，这些都成为中国新民主主义革命的群众基础。

## 二、 现代"劳动"观念的胜利与影响

正如马克思所说，批判的武器不能代替武器的批判，仅仅依靠口号传播和思想动员，现代"劳动"观念只能影响到中国人社会生活的某些层面，还远不足以成为在整个社会中发挥关键作用的主导性观念。"观念并非一种纯粹的智力上的构想；其自身内部即蕴涵着一种动态的力量，激发个体和民族，驱使个体和民族去实现目标并建构目标中所蕴涵的社会制度。"② 新民主主义革命的胜利，本身就是劳动者的胜利，这空前激发了全国人民的劳动热情，鼓舞劳动者以战斗的姿态积极投身国家建设。

"任何重要的新观念要真正引进一个社会，广泛传播并代替旧观念，需要相应的社会生活实践，尤其需要在建制上获得体现。"③

---

① 李大钊：《青年与农村》，《李大钊全集》第二卷，北京：人民出版社，2006 年，第 304 页。

② ［英］约翰·伯瑞：《进步的观念》，范祥涛译，上海：上海三联书店，2005 年，第 1 页。

③ 高瑞泉：《"劳动"：可作历史分析的观念》，《探索与争鸣》2015 年第 8 期，第 27 页。

新中国成立后，"劳动"观念在国家政治生活中的支配地位不断上升，逐步成长为整个国家制度体系和观念建构的主导力量。首先是在国家层面上，中国社会最广大的两个劳动群体——工人和农民——被认为是政权合法性的来源。第一部《中华人民共和国宪法》即"五四宪法"明确提出："中华人民共和国是工人阶级领导的、以工农联盟为基础的人民民主国家。""一切权力属于人民。"实际上标志着"劳动"观念在国家政治层面上的胜利，"劳动"成为国家意识形态的重要内容。国家层面上对"劳动"的这种确认，还落实到了政权的架构和经济制度的安排当中。政治上规定全国及地方各级人民代表大会是国家权力机关，人大代表经由人民选举产生，充分保障劳动者当家作主的权利；在法律层面上确认了五一劳动节的合法性，1949年12月中央人民政府政务院宣布五一劳动节为法定假日之一，从此中国的劳动者真正有了属于自己的节日。为了庆祝劳动节，全国各地都会举行各种活动，从中央到地方各级政府还要对有突出贡献的劳动者进行表彰，体现了国家政治生活中对劳动及劳动者的认肯。经济上，则通过对农业、手工业和资本主义工商业的社会主义改造，把生产资料私有制转变为社会主义公有制，建立起了全体劳动者对社会生产资料的所有权，确立了"各尽所能，按劳分配"的分配制度，这一切都凸显了"劳动"在国家建制安排中的核心地位。其次是在社会层面上形成了讴歌劳动、崇尚劳动的风尚，突出表现在当时的文艺方针以及社会宣传的学习榜样上。1942年毛泽东在《在延安文艺工作座谈会上的讲话》中明确提出，"我们的文艺第一是为工人的，这是领导革命的阶级。第二是为农民的，他们是革命中最广大最坚决的同盟军"[1]。新中国成

---

[1] 《毛泽东选集》第3卷，北京：人民出版社，1991年，第855页。

立后的文艺方针也强调文艺要服务于广大劳动群众，反映工农现实生活，反映社会主义国家建设局面。周恩来要求"文艺创作的重点，应该放在歌颂的方面，应该创造我们这个时代的典型人物"，文艺工作者"必须掌握国家的政策"，"必须与劳动人民共呼吸"[①]；社会主义文艺要反映时代，并要着力塑造体现时代精神的工农大众。人们空前崇拜劳动英雄，最受人追捧的是铁人王进喜、陈学孟等奋斗在劳动生产第一线的劳动模范，"劳动光荣"理念深入人心。最后是在个人层面上进行并实现了全民的劳动身份的转化，在"劳动"基础上建立起了统一的个人身份认同。工人和农民的身份某种程度上即是劳动精神的象征。对于原来的地主、资本家等食利阶级则进行了全面的劳动改造，通过土地改革以及对农业的社会主义改造，中国广大农村不仅在形式上消灭了地主和富农的经济基础，而且还迫使原来的地主和富农投入到农业生产当中；对资本主义工商业的社会主义改造消灭了资本家的经济基础，资本家阶级则被改造为社会主义的普通劳动者。知识分子则是直接被下放到乡村和工厂参加一线生产劳动。通过这些改造，社会各个阶层的人士基本上都成了社会主义劳动者当中的一份子，"劳动者"成了他们共同的身份标识。"一五"计划任务的超额完成，既反映了中国民众建设社会主义的劳动热情，又进一步鼓舞了民众对劳动力量的崇拜和狂热。至此可以说，"劳动"观念在中国已经全面崛起，真正成为"占支配地位并广泛流行的"社会观念，成为承载整个国家和社会全部价值观念的基石，居于社会价值观念的支配性地位。

在"劳动"观念的支配下，整个社会的人群身份得到了整合，

---

① 中共中央文献研究室编：《周恩来文化文选》，北京：中央文献出版社，1998年，第132—135页。

每个人的身份都可以在劳动观念中进行识别，人与人之间的关系主要是劳动者之间的关系，作为一名社会主义建设的劳动者受到广泛认同和尊重。个体身份之间，除了劳动分工和职业上的分殊，没有身份的贵贱之别。即使干部与群众之间的区分，也是以劳动认同为基础。在劳动的序列中，干部本身也是劳动者，群众与干部并没有因身份差异而不平等。以"劳动"为核心的身份识别和认同实际上保持了政治认同、社会认同以及个体自我认同上的统一，政治上劳动者的地位被认可、受推崇。不论从事何种劳动，劳动者同样受到尊重，而且劳动者个人也对自身的劳动感到认同和满足，"革命只有分工不同，没有高低之分"。由于身份认同的统一，整个社会在行动上也保持了高度的一致性，人际关系变得相对简单与和谐。基于"劳动"关系的认同有时甚至超越了基于血缘关系的家庭成员之间的认同，"同志加战友胜过兄弟情"。当然，由于当时采取城乡二元分治的国家发展策略，优先保障城市发展，也导致了工人与农民之间事实上的不平等。持有城市户口的"城里人"是由国家供养，吃"国库公粮"，而农村户籍的"乡下人"则是自我供养，还要交"公粮"，由此形成了农民对工人的集体羡慕、工人比农民拥有更多荣耀感的情形。但是在当时社会的政治热潮笼罩下，这种户籍身份上的不平等感并没有导致劳动者集体性心理失衡。

以劳动观念和劳动者身份认同为依托，社会成员在政治和社会生活观念上亦呈现趋同化，整个社会的伦理价值观念也达到了高度的统一。在"劳动"观念的支配下，劳动者在个体身份上的平等，进而在法律和社会生活认同层面得到落实，法律上人人平等，社会生活上一切劳动都受到尊重和平等对待。"劳动"的精神和形象建构，始终与底层劳工和农民艰苦的生存境遇相联系，广大劳动群众翻身作主的革命进程，实际上也是依靠劳动奋发自强的过程，劳动成为实现自我拯救的神奇力量。人们对自身劳动力量的认可，并最终转变成自立自强、艰苦奋斗进行社会主义建设的无限热情。民族国家的独立，人民政治地位和社会地位的提高，都无限地激发了国民的国家认同感，而这一切又都与劳动者革命的胜利相关。热爱劳动，做好本职工作就是为国家和社会作贡献。对"劳动"观念的认同甚至成为影响国家间交往的重要因素和纽带，在劳动者共同革命的旗帜下，中国人民热情支援亚非拉等深陷"苦难"的兄弟国家。总之，"劳动"观念成为占支配地位的社会观念的最直接后果，就是使得整个社会人群在个体身份认同上达到了高度统一，并进而成为解释其他社会观念的基础观念。

正如霍克海默和阿道尔诺在《启蒙辩证法：哲学断片》一书中对启蒙的分析，启蒙通过宣扬理性和自主破除了专制的神话，但是却造成了理性本身的膨胀，从而启蒙自身异化为另一个神话。①"劳动"观念的这种支配作用并没有在身份认同的自然维度上止步，而是要把这种认同发挥到极致，整个社会陷入到对劳动的崇拜和狂热中。"劳动"观念不只是在社会观念中占支配地位，而且要寻求成为观念上的"神话"，确立本身无上的正确性。"三大改造"迅速实现，"一五"计划超额完成，激发了民众对劳动力量的过分崇拜，劳动者被幻想成为在战天斗地中永远的胜利者。"劳动"观念这种自我神话的冲动还将身份认同的标准推向了极端化，劳动身份的认同不单要停留在现实参与劳动的事实层面，还追求劳动身份的传承延续。纯粹且可靠的劳动者身份要追溯到血缘关系上，贫下中农子弟、革命干部子弟是"根红苗正"的劳动者，而"黑五类"出身的

---

① ［德］马克斯·霍克海默、西奥多·阿道尔诺：《启蒙辩证法：哲学断片》，渠敬东、曹卫东译，上海：上海人民出版社，2006年。

人则不是纯正的劳动者，要强制接受劳动改造，由此又形成了社会群体间的分化与对立。这些建立在"劳动"观念的支配地位基础之上的理想性社会实践实际上狭隘化了对"劳动"的理解，只有生产劳动才是真正的"劳动"，似乎越是粗重的体力劳动，越是重要且光荣。片面强调体力劳动而忽视脑力劳动，结果就是普泛的"知识无用论"和"读书无用论"。这种偏颇的劳动观念给一个民族造成的后果，历史已经做出了回答。① 从某种意义上说，当代劳动问题的复杂态势也是这种影响在当今社会的深化和折射。

### 三、"劳动"观念的下沉与当前劳动问题的凸显

基于"劳动"观念支配地位的理想性社会实践的迷失，终于使人们从对劳动的狂热崇拜中清醒过来。经过知识界的拨乱反正，恢复高考，振兴科学，知识和知识分子的价值重新被认肯。随着主体性的分化和权利意识的觉醒，整全性的"劳动"统治观念不仅走下了神坛，而且逐渐失去了在社会观念中的支配地位。

从农村家庭联产承包责任制开始并延伸到城市的改革，再度激发起了各行各业劳动者的劳动热情，真正体现了"多劳多得"的分配原则，对劳动成果的占有和享用增进了劳动者对自身劳动价值的体认。此时的"劳动"观念更多地与个体存在和利益诉求相联系，提倡"白手起家""自我奋斗"，"劳动"观念开始与"自主、自由、自利"等观念融合。随着改革开放的持续深入，资本前进的步伐越来越势不可挡。在资本快速扩张面前，集体主义时代的"劳动"观

---

① 赵修义教授曾以切身经历和具体史料对这段历史（1957—1966 年）作了深入分析和评论。参见赵修义：《为什么要花大力气研究劳动观念问题?》，《探索与争鸣》2015 年第 8 期，第 23—26 页。

念越来越式微。社会主义市场经济的启动，使市场和资本的力量迅速成长起来。中国的经济改革是一个加速市场化和资本化的过程，从引入外来资本开始，到鼓励内部资本的积累和再投资，并逐步放开对资本投资领域的限制。随着社会深度市场化，社会生活的各个方面也不可避免地受到资本化的浸淫，一切神圣性的东西都被消解或者正在被消解，市场价值观无孔不入，整个社会似乎都成了市场。而在资本的强势扩张中，劳动与资本之间的关系也变得越来越紧张。大规模的招商引资，使得中国迅速成为世界工厂，与之相对应的则是庞大的"农民工"群体的产生。在劳资关系博弈过程中，"农民工"不仅经济上受资本控制，在劳动权益保护方面也处于弱势境地，拖欠工资、劳动伤害纠纷屡见不鲜。当今社会劳资之间地位的差异带给人们一种切己的震撼，也是当前劳动问题受到关注的直接原因。"农民工"群体实际上沦为了"新穷人"，进一步加剧了劳动以及劳动者尊严的丧失。如果说类似传统的资本主义生产本质上还是生产性劳动，那么近年来为维持工人自身的再生产而进行的"再生产劳动"，即生产过剩产品的生产，则直接将底层劳动者置入社会负累的地位。①

可见，"劳动"观念虽然还葆有意识形态话语中的尊严地位，在社会生活层面已不可避免地旁落了，"五一"劳动节某种程度上也成了消费和休假的狂欢日。"劳动"观念一方面失去了对社会价值观的支配性影响，另一方面则与"自主、自由"等个体观念相融合并获得了新的表达形式，甚至脱离了与"劳动"的关联性而成为独立的社会观念。社会上对待"劳动"的态度也日益多元和分化，

① 汪晖：《两种新穷人及其未来——阶级政治的衰落、再形成与新穷人的尊严政治》，《开放时代》2014年第6期，第49—70页。

很多白手起家、自我奋斗式的成功故事成为世人称羡的传奇，相比于好逸恶劳、游手好闲的懒汉和"啃老族"，靠努力工作来维持自身生存的蚁族依然受到社会尊重；同时，相比于"劳动"本身，资本和财富则更能获得社会青睐，底层劳动者的尊严在财富和权势面前遭受巨大压制。伴随着"劳动"观念的退隐，原本基于"劳动"观念的社会价值认同也变得难以整合，价值的多元化成为了不可逆转的趋势。价值观的歧义与多元，本身即内涵着价值认同上的某些冲突，这些冲突部分可以通过对话得以解决，但也不可避免地导致社会维系成本的增加。

当然，我们也不能仅仅在劳资冲突的意义上来理解"劳动"观念的衰落。当今的劳动问题，一方面是过去遗留问题的再现，是改头换面的旧的劳资关系冲突的重现；另一方面则是发展了的劳动事实与原有价值观念的冲突，如何搭建新的理念框架来理解当下的劳动问题本身就成了问题。传统的劳动者形象在当今社会依然被认可，传统的"劳动"观念还在相当程度上影响着人们思考当前社会问题的向度；虽然在社会生活层面上劳动观念日益衰落，一个价值观念多元化的时代已经来临，但政治生活层面上的劳动观念依然占据着支配地位。在当前的社会经济发展状况下，这种基于政治权威而获得合法性与尊严地位的劳动观念，使人们愈发感受到劳动与资本之间的深刻冲突，这不仅造成了社会成员自我身份的认同危机，而且也导致了社会群体之间的分裂。随着劳资冲突的日益加剧，社会不同人群之间也形成了不同的身份认同基础。汉娜·阿伦特对"劳动"的区分，便呈现出与正统马克思主义劳动观的深刻差异。马克思是用"劳动"概念阐释整个社会系统，人类的一切活动都能在"劳动"框架下得到解释，因而可以在其"劳动"观念下实现人们经济活动、政治活动以及社会交往活动的整合，但在阿伦特看来，马克思把一切人类活动都简化并还原为劳动，并在此基础上去建构政治理想，最终将导致政治对人的压迫，而她则区分了"劳动"（labor）、"制作"（work）和"行动"（action）的不同，她将劳动限定为生产自身的活动，即维持人自身的生存活动，将制作限定为人类存在的非自然活动，即通过生产和利用工具来改造自然，建立一个不同于自然界的人工世界，而行动则是唯一无需物质媒介而直接在人与人之间发生的活动，是真正的政治活动。阿伦特强调劳动与制作的联合，有力地回应了当前劳动问题发展的新态势。

面对当前劳动问题在现实发展趋势上与其政治理想规定上的分歧，我们需要对"劳动"概念做出新的再阐释，并通过这种解释弥合劳动在政治诉求与社会发展之间的裂隙。而一旦将劳动问题进一步深化，当前的问题就不再是纯粹的劳动问题，而且更为关键的问题恰恰不是恢复劳动者在原有观念意义上的政治和社会地位，而是在更为实质的层面上使劳动者摆脱繁重的负累，进一步在自由劳动的理想意义上迈出更为坚实的步伐。

劳动观念是社会价值变迁的晴雨表。对当代劳动问题作观念史的考察，不仅可以深化对劳动与社会正义、劳动与现代法治、劳动与公民德性等诸多问题的研究，而且对当前社会核心价值观建设也深具启发意义。劳动观念曾经承载起了一个时代的价值坐标，促进了不同价值观念之间的协调关系。随着社会分化的加剧，价值诉求日趋多元化。在核心价值观的建构问题上，需要实现一种问题视域的转换，即追问：什么是国民身份认同和社会价值认同的基础性观念？劳动在当代还能否承担起核心观念的使命？如果可以，需要对之进行怎样的再阐释？如果不可以，还有什么样的理念或观念真正可以承担起这个时代的价值使命，成为领航时代精神的旗帜？

## 第三节　自由劳动是合理价值体系的基石

针对劳动在当代经济社会领域的新变化、新特征，当代西方思想界形成了多元化的劳动问题研究进路。沿着马克思的理论路径，西方马克思主义研究者继承并发展了马克思的劳动理论，其中最值得重视的是卢卡奇的劳动物化理论。在马克思看来，作为对象化的物化不仅不是对人的否定，而且是对人的肯定。只有异化的物化，才可能是对人的否定。卢卡奇以劳动为核心构建了社会存在的本体论，指出劳动作为人类实践的最基本、最主要的方式，在社会形成和发展中起着决定性作用，如果说劳动在马克思那里还维持着用实践来表达自己的样貌，还只是一种作为社会本体论的承诺，那么正是在卢卡奇这里劳动直接被视为社会存在的本体。在《关于社会存在的本体论》一书中，卢卡奇承认在理论和现实上劳动与实践的高度一致性，不仅认为劳动是一切社会实践的原型，一切社会实践都是劳动的更为复杂的整合体，而且认为劳动是构成实践的现实模型，强调人们只有通过把握劳动形式才能认识抽象的实践概念，因而劳动对实践具有根本意义，也对社会存在有决定意义[①]，从而确定了劳动作为社会存在的本体论意义。

### 一、　趋向自由的理想劳动与现实劳动的纠葛

在对现代西方社会的批判中，涌现出了大批从不同角度对劳动

---

① 刘卓红：《历史唯物主义视域的认识与规定——论卢卡奇的劳动概念》，《广东社会科学》2001年第3期，第59—65页。

问题进行深入思考和批判的理论，比如马尔库塞从哲学—经济学概念辨析的角度对"劳动"经验论的批判，哈贝马斯从社会批判的视角基于交往行动理论对马克思劳动观念的反思，以及阿伦特从政治哲学视角通过对劳作、制作和行动的区分对马克思劳动理论的批判。

马尔库塞批判了那种囿于经济观的劳动观念的研究，而强调理性对"劳动"的把握，进而才能完整地把握劳动与人的全面发展。正如马尔库塞在《单向度的人》一书中所表达的，现代社会在为自由提供了越来越多的便利的同时也造成了人的片面性，对物质的过分追求使人成为单向度的人，在对"劳动"问题的关注中，他也始终坚持这种对现代社会的批判性，坚持从人的全面发展角度来思考劳动问题。

哈贝马斯则以其交往行动理论为出发点，对马克思的劳动概念进行了分析和批评。一方面他承认马克思以劳动辩证法取代反思辩证法的巨大贡献。哈贝马斯认为马克思的劳动辩证法不仅解释了人类自我生产和自我认识的过程，从而为解决人类存在同一性问题提供了新的方案，而且还解决了自然史——即"自然界生成为人"的过程——的问题，指出马克思揭示出来的生产力维度是社会进化的一个重要因素，用他自己的话说，"生产力的发展任何时候都是扬弃僵化为实证性（die Positivitaet）和概念化了的生活方式的推动力"[1]；另一方面他也指出，劳动辩证法对反思辩证法的取代在一定程度上也削弱了反思批判能力，从而导致了劳动解释领域的扩张

---

① ［德］尤尔根·哈贝马斯：《认识与兴趣》，郭官义、李黎译，上海：学林出版社，1999年，第38页。

和混乱。① 哈贝马斯还认为马克思没有区分开经济学意义上的劳动和人类学意义上的劳动，并且把适用于经济解释的劳动概念与适用于人类学意义解释的劳动概念相混淆。他认为马克思一方面狭隘化了劳动的概念，把劳动仅仅看作是经济活动，这个时候的"劳动"在哈贝马斯看来其所关注的是人与自然之间关系的建构，这只不过是工具活动，是按照目的理性原则发生的活动，接受工具理性的引导，遵循的是效率原则；另一方面马克思却又把价值、异化等适用于人类意识形态和艺术创造活动——这些活动关注的是人与人之间依据诸如语言表达等良善规则的相互作用（interaction）或交往行动（communicative action）, 是价值活动，是根据一定的规范基础而进行的活动，接受价值理性的引导，遵循的是价值原则——的概念运用到劳动的概念中，从而导致了马克思在用劳动解释生产活动以及生产活动以外的人类活动时的混乱。简单来说，就是马克思存在着把自然领域的自由模式与社会领域的自由模式混用的情况，尤其是自然领域自由模式在社会领域中的运用，按照哈贝马斯的理解，这实质上是以工具理性替代交往理性，这就会导致形成人对人的支配和控制，从而使得人性受到束缚和摧残。另外，哈贝马斯还指出马克思把死劳动（按照哈贝马斯的理解，是进行相互交换的劳动，是经济系统中的劳动）和活劳动（是指人们生产有用价值的劳动，日常生活领域中的劳动）抽象地对立起来，并用这种对立意义上的异化劳动概念分析资本主义的矛盾，最终得出的结论是要通过革命把资本主义经济系统中的死劳动回归到劳动者本身，这就导致了马克思劳动观对现代性原则的某种否定，因为现代性很重要的就

---

① 陈治国：《关于西方劳动观念史的一项哲学考察——以马克思为中心》,《求是学刊》2012年第6期，第26页。

是理性原则，而活劳动与死劳动的对立在某种意义上就否定了工具理性的意义。[①]

阿伦特是最为深刻、最为详尽地讨论劳动问题的现代哲学家之一。她以劳动为根本出发点理解现代社会的特征与政治结构，进而区分了劳动（labor）、制作（work）和行动（action）的不同，并对马克思的劳动理论进行了批判，这一切都使得劳动议题在整个政治社会生活中的地位得到提高。阿伦特一方面肯定了马克思试图通过调整沉思生活（vita contemplative）和积极生活（vita active）的优先性顺序来翻转柏拉图以来的政治哲学传统的努力，正是马克思的贡献才使得作为在西方传统中难登大雅之堂的人类营生活动堂堂正正地进入到公共政治领域；但另一方面她也指出，马克思把积极生活即实践归结于劳动，并根据劳动或制作来理解政治的做法，没能真正地理解政治经验和现象，在实质上并没能摆脱柏拉图传统的政治框架。阿伦特根据活动目的的不同将积极生活区分为劳动、制作和行动。她将劳动限定为生产自身的活动，其目的就是为了维持人自身的生存，这源自于人身体的必然性，是人生物本能的体现，也是人作为自然的必然性的体现；制作则被认为是人类存在的非自然活动，其目的是提供使用物和持存物，也即通过生产和利用工具来改造自然，建立一个不同于自然界的人工世界，与劳动的必然性相比，它体现出人一定的自由性；而行动则是唯一无需物质媒介而直接在人与人之间发生的活动，其目的是建构政治空间，它展现出人的独特性和平等性，从而赋予人以意义，是真正的政治活动。阿伦特认为，马克思把一切人类活动都简化并还原为劳动，并

---

① 王晓升：《从异化劳动到实践：马克思对于现代性问题的解答——兼评哈贝马斯对马克思的劳动概念的批评》，《哲学研究》2004年第2期，第25—26页。

在此基础上去建构政治理想，最终导致的结果都是不能以行动的活动来理解政治，而是导致政治对人的压迫。①

　　哈贝马斯和阿伦特实际上都是通过对劳动的细分，来划定"劳动"——在他们的理论体系中多是指以自然为处理对象的活动——概念运用的界限，并通过这种划界批评了马克思对劳动概念运用时的越界。在他们看来，马克思将人通过劳动确立起来的对自然的自由性的解释运用到了社会领域，这就有可能导致人们将对物的处理方式运用到对人的关系的处理中，如此人在彼此之中便成了工具化的存在，进而导致此人对他者的控制，导致人对人的非自由，现实的可能就是政治上的暴力与专制以及伦理上的恶。他们对马克思的批判，一方面来说是对马克思的一种误解，虽然马克思的确是从人对自然的关系上展开对劳动的论述的，也的确比较侧重于对经济中的劳动问题，但是他们忽略了马克思的劳动概念所具有的历史生成性。就劳动发生的起源及其现实看，对自然的劳动是一切其他人类活动的前提，现实社会中人与人关系的处理必须要建立在这一基础之上；而就劳动发展的理想上看，在未来社会，劳动会成为人的自由自觉的活动，作为自由的劳动所确立起来的不仅是人对物的自由，还包括人对人的自由。另一方面，也要看到仅从现实的层面上讲，他们对马克思的批判也并非完全是误解，至少做这种划界使得马克思劳动理论中没有被清晰指明的劳动观念的运用更清楚了，而且从他们的批判中，还可以看出他们对人的现实的自由的期待和关注。

　　20世纪后半期，伴随着知识经济的兴起，整个人类社会的生

---

① 陈治国：《关于西方劳动观念史的一项哲学考察——以马克思为中心》，《求是学刊》2012年第6期，第26页。

产方式都发生了巨大的变化，这一点在资本主义国家更为明显，物质生产在很多国家经济中占比越来越低，新的生产方式的出现对人们的劳动观念产生了巨大的冲击，同时也引发了对这些变化的新的思考。美国学者迈克尔·哈特和意大利学者安东尼奥·奈格里就共同提出"非物质劳动"的概念，对劳动领域出现的巨大变化做出了回应，而法国经济学家托马斯·皮凯蒂则通过对经济领域中劳资分配问题的研究对劳动问题做出了回应，这些观点在世界范围内都产生了巨大的影响。

哈特和奈格里在他们合著的《帝国》一书中提出"非物质劳动"的概念，并在随后的《大众》与《共同体》两部著作中进一步阐发了这一概念，并用这一概念来理解当代世界的社会运作体系。哈特和奈格里认为，当代西方社会在现代向后现代转型的过程中，劳动形式已经发生了巨大的变化，工业劳动失去了它的霸权地位，而"非物质性的劳动"则逐渐占据了主导地位。他们将非物质劳动规定为"创造非物质性产品，如知识、信息、交往、关系，甚或情感反应的劳动"①。首先，非物质劳动概念的提出是针对马克思的劳动理论而言的，因为在哈特和奈格里看来，马克思的劳动理论主要是物质劳动理论，而这一理论已经过时了，它既不能用来衡量当前社会的巨大财富，也难以应对当前资本主义的新发展；其次，这一概念是针对当今世界劳动形式的新变化而提出的，虽然劳动形式出现的一些新变化——诸如智力劳动、知识劳动、科技劳动、交往劳动、情感劳动等——也被一些学者注意到并提出，但哈特和奈格里认为，这些提法也都只是揭示了劳动形式的一个方面，而"非物

---

① Antonio Negri and Michael Hardt，*Multitude*，The Penguin Press，2004，p. 108. 转引自李春建：《对安东尼奥·内格里"非物质劳动"概念的学术考察》，《马克思主义与现实》2015年第1期，第127页。

质劳动"这一概念则涵盖劳动发展的所有新形式。[①] 但是这一概念并非就如其字面意义所表达出的——没有物质产出，也不和物质对象打交道——事实上，非物质劳动也创造物质产品，但更重要的是其能够创造人际关系乃至社会生活本身，也正是因为如此，他们也认为"非物质劳动"这一概念并没能恰当表达出他们的意思，并主张以"生命政治劳动"（biopolitical labor）这一术语进行表达，这表明传统的经济、政治和文化之间的界限趋于模糊化。而"非物质劳动"的表述则更便于理解，同时也更为准确地描述出了现代经济生活特征及经济转化总体趋势。非物质劳动更加注重劳动主体之间的内在合作和互动，使得劳动合作不再像以前那样是由外界强加或组织的，而是内在于劳动活动本身。这也是非物质劳动与其他劳动的根本区别之所在。在哈特和奈格里看来，非物质劳动的霸权对整个经济社会生活施加了全面的倾向性影响，非物质劳动不仅转化了其他的劳动方式，而且决定了新的全球劳动分工，更为重要的是，非物质劳动的霸权还在塑造着更加密切的、交流互动的社会关系，并使得主体性更具流动性、混杂性和情感性。[②] 也正是这种全面性的影响，使得非物质劳动的霸权最终缔造出帝国这一新的资本主义统治形式。可以说，哈特和奈格里关于非物质劳动概念的提出发展了马克思的劳动理论，弥合了西方马克思主义传统在当代的断裂，非物质劳动的霸权不仅消解了劳动和交往之间的对立，而且非物质劳动霸权也使得劳动能无中介地直接实现其价值，从而使劳动者直接获得自身的自由。非物质劳动理论在某种意义上并没有超出马克

---

① 李春建：《对安东尼奥·内格里"非物质劳动"概念的学术考察》，《马克思主义与现实》2015年第1期，第127—128页。

② 丁瑞兆、周洪军：《非物质劳动霸权：新世界的"染色体"——哈特的非物质劳动概念浅析》，《理论月刊》2010年第10期，第66页。

思劳动理论的范畴，而是更接近于马克思所说的精神生产的概念。不论任何时代，物质劳动生产都是人类存在和延续的前提。

皮凯蒂在其著作《21世纪资本论》中深入分析了劳资再分配问题，他的研究表明当前世界各国普遍存在着资本回报率倾向高于经济增长率的事实，也即资本增值的速度要高于劳动收入增长的速度，这意味着劳资之间的贫富差距将会越来越大，劳资关系潜在地存在着激烈对峙的可能，这在某种意义上又重新回到了马克思曾经预言的工人的贫困与资本集中的矛盾上。皮凯蒂将收入分为劳动收入和资本收入，而且其资本也不同于马克思意义上的指称。在马克思那里，只有用于剩余价值生产的投入才被称为资本，资本本身就包含有剥削的意味，而皮凯蒂是从收入意义上去指称资本，除劳动以外能够带来价值回报的投资，这是一个一般化的经济概念。他指出20世纪马克思预言的工人将持续贫困的状况虽然没有出现，尤其是在二战以后世界各国工人的收入状况普遍好转，主要资本主义国家社会收入不平等状况有所缓和，但劳动和资本之间的矛盾并没有被完全消除，社会收入不平等的状况并不像库兹涅茨曲线所标明的那样乐观。20世纪50年代，美国经济学家西蒙·库兹涅茨提出经济发展与收入差距变化关系的倒U形字曲线假说，该假说表明国民收入分配状况会随着经济发展呈现出先增高后减少的状况。他通过对美国和法国国民收入分配历史的详细考察，以及对世界上主要国家国民收入分配状况的简单考察，表明在当今世界劳动收入与资本收入的不平等状况堪比早期世袭资本主义时期，这将可能会持续拉大社会贫富之间的差距，进而有可能引发劳动者与资本阶层的新的对抗。[①] 虽然皮凯蒂主要是就经济分配领域来说明

---

① ［法］托马斯·皮凯蒂：《21世纪资本论》，巴曙松等译，北京：中信出版社，2014年。

收入不平等状况的，但是其得出的结论却不能不引起我们的关注，尤其劳资关系问题本身就是历史地分析社会劳动问题的一个重要方面。

当代西方劳动观念的发展表明，我们依然可以发现学者们思考劳动问题时的根本关切——对劳动的经济社会属性以及人的自由本性之间关系的探讨，这当中充斥着劳动的现实与趋向自由的理想劳动追求之间的纠葛。从以上诸多哲学家对劳动问题的思考可以看出，他们都力图在对劳动"改造"的基础上解释社会经济政治结构或秩序的现实，而且在这之中还都秉持了对人自由本性的伸张，不论是马尔库塞对现代社会造成的"单向度的人"的批判，还是哈特和奈格里建立在"非物质劳动"概念基础上对社会的解释，无不体现出对人之自由的关怀。但也正是因为劳动作为建构社会政治经济结构的功用与其建构人的自由性问题经常混合在一起，才使得对劳动的认识经常出现混乱，有的是解释了劳动建构社会政治经济结构的现实问题，而忽略了这种建构与人的建构的统一问题；有的虽然保持了对这两者解释的统一，却又忽略了人在自身建构上的"二重性"，即生物性存在与自由类存在本质的统一问题。而马克思至少在基于抽象的"劳动"概念的宏观解释上做到了这种建构上的统一，当然由于劳动形式在当代发生了巨大变化，马克思的劳动理论在具体解释现实的社会政治经济结构建构时也会略显单薄，同时在说明理想的社会建构与人的解放的方式上也越发脱离当代的现实。不过当代西方劳动观念的这些新发展，无论是从其成功实现的对现代社会批判的方面看，还是从其暴露出的理论缺陷上看，都在相当程度上表明对趋向自由劳动的追求是考虑劳动问题的永恒主题。

## 二、 自由劳动与自由人格

在冯契的伦理话语体系中，自由劳动占有非常重要的地位。劳动被认为是认识的最根本的来源；而在其价值论体系中，自由劳动则被认为决定着价值体系，他多次指出"趋向自由劳动是合理的价值体系的基础"[①]，而自由劳动是"化理论为方法，化理论为德性"的最重要的过程或途径。

在冯契对自由劳动的解释中，一方面自由劳动具有理想性，只有在未来共产主义社会才可能普遍的实现。自由劳动是"合理的价值体系的目的因"，在他看来，人类所有的奋斗都是向着自由劳动的方向前进的，"人类的历史就是一部使劳动成为自由的劳动的历史"[②]。自由劳动的这种理想性表明，自由劳动是可实现的，但自由劳动是不现实的，至少在当下自由劳动是不现实的。另一方面，自由劳动具有现实性，是在每个人的当下都有可能实现的。尤其是他经常用"庖丁解牛""轮扁斫轮"的例子来说明自由劳动，他说，"轮扁斫轮，不徐不疾，得之于手而应于心，这才是真正自由的劳动"[③]，这表明自由劳动并非只可能在一种预设的未来社会才能实现，而是在任何一个当下都具有可实现性。就前一个方面来说，冯契乃是从历史唯物主义的立场出发，表明自由劳动的普遍实现是一个历史的过程，不是一蹴而就的。而就后一个方面来说，自由劳动

---

[①] 冯契：《认识世界和认识自己》，《冯契文集（增订版）》第一卷，上海：华东师范大学出版社，2016年，第46页。

[②] 冯契：《人的自由和真善美》，《冯契文集（增订版）》第三卷，上海：华东师范大学出版社，2016年，第84页。

[③] 冯契：《认识世界和认识自己》，《冯契文集（增订版）》第一卷，上海：华东师范大学出版社，2016年，第322—323页。

在当下的现实性，冯契是通过对理想、自由、劳动等概念的界定来说明的。

冯契将自由、劳动的概念与理想及其实现关联在一起。在《人的自由和真善美》中，开篇就讲"自由就是人的理想得到实现。人们在现实中汲取理想，又把理想化为现实，这就是自由的活动。在这样的活动中，人感受到自由，或者说，获得了自由"①。从中就可以看出：第一，自由是和主体即人相关的，自由就是人的自由，离开人就无所谓自由；第二，自由是实践的自由，劳动的自由，离开实践或劳动也无所谓自由；第三，自由还是理想与现实的辩证统一的过程，自由不仅使理想得以实现，而且还使理想得以形成。而劳动也是实现理想的活动，正如冯契说的，"劳动的特点，如马克思所说，就在于劳动过程结束时得到的结果，在这一过程开始时已经观念地存在于劳动者的表象之中了。相对于劳动过程来说，劳动者的观念、表象已经具有理想的萌芽，或者说，已经具体而微地具有了理想的形态。劳动就可以看作是这种理想形态的观念得到实现的活动"②。人的劳动都是有意识有目的的劳动，劳动的过程就是将自在之物变成为我之物的过程，相较于劳动过程本身而言，人在劳动过程之前所持有的目的或观念意识都具有理想性。综合以上来看，就理想及其实现来说，劳动与自由在这一过程中做着相同的表达，在实现理想的过程中的劳动必然是自由的劳动，而自由也必然要由劳动来体现或表达。因此，自由劳动一方面是理想实现的结果，另一方面也是理想实现过程的展开。只有在理想的现实性上，

---

① 冯契：《人的自由和真善美》，《冯契文集（增订版）》第三卷，华东师范大学出版社，2016年，第1页。
② 冯契：《人的自由和真善美》，《冯契文集（增订版）》第三卷，华东师范大学出版社，2016年，第4页。

理想实现的过程才表现为自由的劳动，这不是说只有实现理想才有自由劳动，而是理想一旦付诸去实现就可能有自由劳动。

而所谓"理想"，冯契将之做了广义上的理解，他把"革命理想、社会理想、道德理想、艺术理想、建筑师的设计、人们改造自然的蓝图，以及哲学家讲的理想人格、理想社会，都包括在内"，并且指出"人类精神的任何活动领域，都是在现实中吸取理想，再把理想转化为现实"。① 在冯契看来，理想具有三个特征：一是"反映现实的可能性，而不是虚假的可能性"，他强调说，"理想必须是现实可能性的反映，即使表现为意境和典型的艺术理想，也必须在一定程度上反映现实的可能性"。② 正是因为理想反映了现实的可能性，因而才有可能被实现，才有可能被付诸实践；二是"必须体现人的合乎人性的要求，特别是社会进步力量的要求"，由此可以看出冯契的"理想"是有价值取向的；三是"必须是人们用想象力构想出来的"，这一点体现出"理想"还表现为人的意识或目的性的作用。③ 由此可以看出，在冯契那里，并非所有设想都可以叫作理想，理想不仅是现实可能的——因而它要把自己努力实现出来，而且还表现出强烈的价值取向——因而内涵了一种"好"的正确性，更重要的是，这当中还揭示出了自由存在的空间，正如冯契所说："自由就在于化理想为现实，而理想就是现实的可能性和人的要求的结合。客观现实的可能的趋势具有必然和偶然的两重性质，

---

① 冯契：《人的自由和真善美》，《冯契文集（增订版）》第三卷，华东师范大学出版社，2016年，第3页。
② 冯契：《人的自由和真善美》，《冯契文集（增订版）》第三卷，华东师范大学出版社，2016年，第4页。
③ 冯契：《人的自由和真善美》，《冯契文集（增订版）》第三卷，华东师范大学出版社，2016年，第4页。

这是人的自由的前提。"[①] 作为自由表现的理想的实现应该说是一种内涵价值的理想的实现，因而，自由劳动也只在一种正面价值的意义上来表达自己，而且在最高的理想意义上，自由劳动甚至可以说是理想在本体论意义上的表达。在这个意义上，自由劳动便内涵了真、善、美的统一，因而具有永恒的理想性。而那些具有破坏性的劳动可以说是"任意的"，却不能说是"自由的"。人们努力追求理想的实现，实质上也就是趋向于自由劳动。"趋向自由劳动是合理的价值体系的基础"，因为自由劳动作为理想的表达，对理想的趋向决定着一种价值体系的构成，而且理想内含着一种合理的成分，那价值体系自然也就趋向合理，因而自由劳动便成为合理价值体系的目的因，而真、善、美的统一则成为合理价值体系的最完美的体现。

马克思在《1844 年经济学哲学手稿》中指出，人的自我异化的积极扬弃，是通过人并且为了人而对人的本质的真正占有。或者说，人以一种全面的方式，作为一个完整的人，占有自己的全部本质。冯契对自由劳动的创造性解释，将对劳动的抽象的肯定转变成具体的肯定，这里的自由劳动不仅意味着未来社会的可能性，更意味着当下的可能性。这也就使得现实中的劳动不仅只是相对自由劳动整体实现而言的手段，而且其本身也是目的，尤其是成为了个体自我实现的目的，从而真正恢复了集体劳动的精神。集体劳动是为了更好地实践个体自由，而非确立抽象的神圣性的劳动观念来宰制个体自由，现实中的劳动与个体的关系得到合理化的解释。冯契强调价值观上要有宽容精神，尊重个体价值创造，真正地落实对劳动

---

① 冯契：《人的自由和真善美》，《冯契文集（增订版）》第三卷，华东师范大学出版社，2016 年，第 19 页。

的具体肯定。个体要实现劳动自由，还需要"坚持不懈地反对权力迷信和拜金主义"①，只有不断自觉克服异化，才能不断从自在走向自为，实现真善美与知情意统一的自由人格。

---

① 冯契：《坚持价值导向的"大众方向"》，见《智慧的探索·补编续》，《冯契文集（增订版）》第十一卷，上海：华东师范大学出版社，2016年，第734页。

# 第五章

## 情感伦理话语面向

从"情"或"情感"出发来研究中国伦理学，近年来受到学者们的较多关注。其中影响最大的当是蒙培元先生的"情感儒学"论和李泽厚先生的"情本体"论。两位先生的开创性研究，从整体上深刻揭示了中国伦理学的重情传统和"情理不二"的思想基调，也为从概念史和谱系学的视角深入探求情感伦理的丰厚意蕴开辟了空间。

## 第一节　"情"的概念史重访

在中国古典伦理学的语境中，道德（道—德）、伦理（伦—理）、情感（情—感）都是复合词。据道成德，显性弘道；伦理不仅是人伦之理，还包括事理、物理、情理；情由感而生，万物皆有"情"。《礼记·礼运》说："何谓人情？喜怒哀惧爱恶欲七者，弗学而能。"情，首先是指自然之情，从个体存在来说，人皆有七情六欲，"性之好恶喜怒哀乐谓之情。"① 从人伦关系来看，则是自然亲情；孝悌为仁之本，道德情感是对自然亲情的升华推衍。情不仅是人伦之情，而且是道德生命体的表征。情是中国哲学的言说方式、出场方式，也是中国人基本的生命展开方式。

伦理学的开端往往是"厚实的"。这一开端有着一种文化上的整体性与深厚的内蕴。② 这种厚的伦理学更能提供丰富真实的人类伦理生活图景。让我们回到中国伦理学的思想原典，通过聚焦于"情"的厚概念分析来开启一个伦理学的整体进路，发掘重振儒家伦理现代精神的核心命题和多重进路。我们可以从历史化、理论

---

① 王先谦撰：《荀子集解》，北京：中华书局，2012 年，第 399 页。
② Michael Walzer, *Thick and thin*: *Moral Arguments at Home and Abroad*, Notre Dame: University of Notre Dame Press, 1994, p. 4.

化、具体化这三个维度来思考"情"概念的厚化。

## 一、"情"概念的内涵演变

在西周金文中，情的本字是"青"。青是生长植物的颜色。从青到情，犹如从生到性。徐复观指出，在先秦，"性与情，好像一株树生长的部位。根的地方是性，由根伸长上去的枝干是情；部位不同，而本质则一。所以先秦诸子谈到性与情时，都是同质的东西"。[①] 性情不二、情理不二，构成了"情"概念内涵的基本规定性。

**"陈情欲以歌道义"。**作为我国最早的一部诗歌总集，《诗经》蕴含着人类伦理生活的原初智慧，以歌谣的形式承载着不断被重新激活的常经大道。通过《诗经》文本来理解"情"概念，有助于我们进一步理解"情"的原初意义。《诗经》中的篇章看上去吟咏的多是儿女情长，《韩诗外传》所谓"不见道端，乃陈情欲，以歌道义"，但它正是通过对人之情欲的吟咏来彰显家国大义、天下达道。[②] 王船山在《诗广传》中，论《鹊巢》曰："圣人达情以生文，君子修文以涵情。"论《草虫》曰："君子之心，有与天地同情者，有与禽鱼草木同情者，有与女子小人同情者，有与道同情者，唯君子悉知之。悉知之则辨用之，辨用之尤必裁成之，是以取天下之情而宅天下之正。故君子之用密矣。"[③] 君子因情设教，感发人之善心，使人得其性情之正。从自然之情出发，匡正天下大义，贯通天人

---

① 徐复观：《中国人性论史》，上海：上海三联书店，2001年，第204页。
② 威廉斯曾精辟指出："现代世界对伦理思想的需求是没有前例的，而大一半当代道德哲学所体现的那些理性观念无法满足这些需求；然而，古代思想的某些方面，若加以相当的改造，却有可能满足这些需求。"见［英］B.威廉斯：《伦理学与哲学的限度》，陈嘉映译，北京：商务印书馆，2017年，序言第1页。
③ 王夫之：《船山全书》第3册，长沙：岳麓书社，2011年，第310页。

168　中国现代性伦理话语

古今，真切悠长，意味隽永。《诗经》中的这种言"情"理路，可谓是中国伦理学生生不息的精神渊薮。《性自命出》中"道始于情，情生于性；始者近情，终者近义"的思想命题，孟子倡导的"仁，人之安宅也；义，人之正路也"① 的伦理精神正是与此一脉相承。

随着历史的演化，"情"概念逐渐拥有了更丰富的内涵。陈鼓应认为，在中国哲学史上，"情"的概念及其论题被凸显出来始于《庄子》，正是《庄子》提出了"人情""道情""天情"等富有深刻哲学意涵的思想观念。② 徐复观以《庄子》为例，探讨了"情"的三种用法："一种是情实之情，这种用法的本身，没有独立意义。另一种实际与性字是一样……第三，是包括一般所说的情欲之情，而范围较广。"③ 概括地说，情有三义，即情实之情、性情之情、情欲之情。庄子以"知"为情，以好恶为情；儒家更多是讲人之性情。性情之辨、情欲之辨、情理之辨构成了贯穿中国传统伦理学主题论争的主线和底色。


## 二、"情"概念背后的观念簇：感—见—觉

**情由感而生。**庄有可《诗蕴》论《召南》云："'召'之为'感'何也？诗曰：'无言不雠，无德不报'。召，无有不应者也。《召南》也者，圣人南面而听天下，万物皆相见也。"④ 万物皆相

---

① 朱熹：《四书章句集注》，北京：中华书局，1983 年，第 281 页。
② 参见陈鼓应：《庄子论情：无情、任情与安情》，《哲学研究》2014 年第 4 期，第 51 页。
③ 徐复观：《中国人性论史》，上海：上海三联书店，2001 年，第 329 页。
④ 庄有可：《诗蕴》，王光辉点校，转引自柯小刚：《〈诗经·召南〉前三篇读解：一种通变古今的经学尝试》，《同济大学学报（社会科学版）》2017 年第 4 期，第 65 页。

见，建立在性可感的基础上。"《诗》云：'未见君子，忧心惙惙。亦既见止，亦既觏止，我心则说。'诗之好善道之甚也如此。"① 从人的真情实感出发，既有对生活世界的观照，又有对生命内在的省思，共同构筑了"情"概念的生命理境。感是认识世界和认识自己的根本方式。"天地之间，只有一个感与应而已，更有甚事？"② 以身体为中介，通过身体感官，对经验世界进行反思和建构，使文化生命和自然生命真正沟通起来。以"三年之丧"为例，来分析"安与不安"问题背后所涉及到的"情"概念的证成方式。

宰我问："三年之丧期已久矣！君子三年不为礼，礼必坏；三年不为乐，乐必崩。旧谷既没，新谷既升；钻燧改火，期可已矣。"子曰："食夫稻，衣夫锦，於女安乎？"曰："安！""女安，则为之！夫君子之居丧，食旨不甘，闻乐不乐，居处不安，故不为也。今女安，则为之！"宰我出。子曰："予之不仁也！子生三年，然后免于父母之怀。夫三年之丧，天下之通丧也；予也有三年之爱于其父母乎？"③

孔子对宰我说"女安，则为之"，既而又说"子生三年，然后免于父母之怀。夫三年之丧，天下之通丧也"。孔子所给出的关于"三年之丧"的这些说法只是提供了道德理由，而最终触发这一行为的道德动机还要诉诸于"安"。"安"作为一种心理体验，直接关联到个体的情感认知，可见儒家伦理体系的建构都是基于人之常情，而这个"情"的发端在于血缘的连接。孔子曰："居上不宽，为礼不敬，临丧不哀，吾何以观之哉！"④ 诉诸于"安"的实质即

---

① 郭丹主编：《先秦两汉文论全编》，上海：上海远东出版社，2012年，第578页。
② 程颐、程颢：《二程集》，北京：中华书局，1981年，第152页。
③ 朱熹：《四书章句集注》，北京：中华书局，1983年，第180—181页。
④ 朱熹：《四书章句集注》，北京：中华书局，1983年，第69页。

是诉诸于"情",如何让这种极具个人性的情感体验生成出普遍性、规范性的道德标准,是我们在建构儒家德性伦理的过程中需要自觉反思的问题。

以心安与否作为社会道德建立的根基,是建立在对人性、对社会生活复杂性的理解基础上的。这比起"单线条"地强调道德责任,生动、丰满且更具说服力。儒家论德性,总是从最"切己处"入手,能近取譬。德性的始基,深深地扎根于人的身体自然需求和"感受",从"食色,性也"的自然禀赋到"礼义之悦我心,犹刍豢之悦我口"的道德选择,所遵循的正是从人之"情"出发的切己反应。我们对人的存在方式和生活世界的现象学发问,既有文化模式、社会规范的制约,又有个体独特的生命和情感经验。

儒家强调推己及人,"女安,则为之"。所以,程颢会说"此'推'字意味深长",戴震将之概括为"以情絜情"的情感推理和交往理性。传统儒家伦理学中所讲的"感""觉""见"都有一种相即不离的身体间性。"三年之丧""以羊易牛"这一系列公案以及其背后所涉及的"见与未见""安与不安"的问题,所凸显出的一个共同点即是儒家修身以及伦理学的出发点,是讲"感"和"情"的。

以"感—见—觉"及其背后的"情"为基础的中国传统儒家伦理建构能否获得理论层面的普遍性和规范性,是我们在思考"情"概念时必须要面对的问题。而之所以要追求普遍性和规范性,是出于确立伦理道德存在的合理性的需要,也是实现为道德奠基这一目标的自然诉求。包括弗朗索瓦·于连在内的很多学者,在探讨"道德奠基"这一问题时,都选择以孟子的恻隐之心为切入点,围绕"恻隐""同情"和"怜悯心"等概念,对儒家情感哲学与道德情感主义、情感现象学等多重传统展开对勘式研究,探讨从比较式研究走向合作式对话的可能路向。①

　　"恻隐之心"是中国伦理思想史上一个经典的标识性概念，出自《孟子·公孙丑上》。"所以谓人皆有不忍人之心者，今人乍见孺子将入于井，皆有怵惕恻隐之心。非所以内交于孺子之父母也，非所以要誉于乡党朋友也，非恶其声而然也。由是观之，无恻隐之心，非人也；无羞恶之心，非人也；无辞让之心，非人也；无是非之心，非人。恻隐之心，仁之端也；羞恶之心，义之端也；辞让之心，礼之端也；是非之心，智之端也。人之有是四端也，犹其有四体也。有是四端而自谓不能者，自贼者也；谓其君不能者，贼其君者也。凡有四端于我者，知皆扩而充之矣，若火之始然，泉之始达。苟能充之，足以保四海；苟不充之，不足以事父母。"②

　　孟子认为，恻隐之心是仁之端，是人天生固有的本心，在看见幼童即将掉入井内的时候，如果割弃不顾的话，就已失去了人之为人的本性，也就不足以为人。因此不能将恻隐之心简单理解为怜悯之心，这里体现的是一种对活泼泼的生命的关注，强调的是一个自然而然的过程，恻隐只是个自然的事。于连在《道德奠基》一书中指出："'不忍'的感情自然表露出来——不仅是道德的体现，亦给我们以发掘道德的可能。"③ 也就意味着我们可以从"恻隐之心"出发来思考和论证道德的合理性问题。

---

① 如何立足于"恻隐之心"的经典世界，揭示其现代意义，既是儒家哲学重建不可或缺的一环，也是儒家思想回应现代性的一个源头活水之所在。赖区平、陈立胜教授精心编选了21篇国内外学者的文章，对恻隐之心的跨文化研究成果做了很好的总结和整理。详见赖区平、陈立胜编：《恻隐之心——多维视野中的儒家古典观念研究》，成都：巴蜀书社，2018年。
② 朱熹：《四书章句集注》，北京：中华书局，1983年，第238页。
③ ［法］弗朗索瓦·于连：《道德奠基：孟子与启蒙哲人的对话》，宋刚译，北京：北京大学出版社，2002年，第4页。

"恻隐之心"到底是一种什么样的情感呢?① 如果我们仅站在传统中国伦理学的视角回答这个问题,很有可能会陷入"着相"境地。通过与道德情感主义伦理学的对话,可以进一步厘清儒家"情"概念的内涵和特点。首先,恻隐之心既有感觉性的方面,也有动机性的方面,还有接受性的面向。斯洛特认为,不同于西方哲学过度强调理性的自主和扩张,中国哲学一直重视接受性价值,注重阴阳之间的互补协调,经过重新解释的观念化的阴阳,可以对人类文明做出更大的贡献。然而,"中国哲学对这些概念的运用很少,远远不及它们在中国文化中的广泛性……阴与阳或者阴/阳仿佛是中国思想呼吸的空气,是某种被看作理所当然且不需要任何辩护甚至表述的东西,是那些能够明确成为哲学思想的内容的一个背景,而不属于真正的哲学探讨的前景的一部分"②。斯洛特的批评可谓切中肯綮,他提示我们应该深入开掘自己的哲学传统和民族智慧,使休眠的古老概念重新焕发生机,创造性地汇入世界哲学的长河。其次,不同于西方伦理学需要强调人与人之间的"移情联结","恻隐之心"所传承的儒家伦理是通感性的生生与共,人我之间相际不离的关系性已内化于个体的存在方式,这种以己为度、推己及人的伦理观同样需要接受现代理性的审视。当代中国伦理学的重建,需要重新厘定自我与他人、个体与群体的关系边界,既注重人与人之间的关系性连结,又充分尊重个体独立性,只有以伦理个体性的重

---

① 牟宗三认为,所谓怵惕恻隐之仁,就是道德的心,浅显地说,就是一种道德感,经典地说,就是一种生动活泼、怵惕恻隐的仁心。"觉"与"健"是恻隐之心的两个基本特征。人必有觉悟而复其恻隐之心,则自能健行不息。参见牟宗三先生七十寿庆论文集编写组:《牟宗三先生的哲学和著作》,台北:台湾学生书局,1978年,第108—109页。
② 〔美〕迈克尔·斯洛特:《阴阳的哲学》,王江伟、牛纪凤译,北京:商务印书馆,2018年,第87页。

建为基点，才可能实现群己物我之间的真正和谐。

总之，要使中国哲学中的原生概念不断得以重构，首先需要深入考察概念谱系的变迁史，分析其在中国伦理学传统中一脉相承的演化过程。从孟子的"恻隐之心"到程颢的"仁者浑然与物同体"，再到王阳明的"一体之仁"，所凸显的正是人与宇宙万物"协同共在"（co-existence）、相即不离的身体间性。这是中国伦理学源远流长的思想传统。其次要借助西方情感主义伦理学理论，使"情"概念的内涵更加清晰化。从沙夫茨伯里、哈奇森到休谟、斯密，都主张情感的自然化，情感是道德的基础，形成了一套新的启蒙观念和伦理话语。当代关怀伦理学以"回到休谟"的口号来重提道德情感问题，从心理学认识论视角，对人类的情感能力进行批判性审察。通过对勘式研究，可以发现不同于中国传统伦理学对"情"的体证，西方伦理传统更突出对"情"的批判理论的考察，而如何实现这两者的优势互补，是我们对"情"概念进行理论化的过程中需要着重思考的。此外，需要进一步拓展伦理学的知识视野，使概念建构具体化、生活化。儒家传统伦理思想重视"情"在一些核心的哲学论题中的重要地位，这就形成了参与前沿问题讨论的基础。特别是随着人工智能时代的来临，如何处理人类与类人类（AI）的伦理关系，持守人的尊严和独特性，如何发挥儒家情感哲学的独特价值，实现对西方思想方法的纠偏，尤其值得我们深入探究。

真正的伦理问题，从来不仅仅是规范性的；真正的伦理学总是面向生命，面向生活，面向人生的理论造诣和实践智慧。李泽厚在《该中国哲学登场了》中深情写道："它融化在情感中，也充实了此在，也许，只有这样才能战胜死亡，克服'忧''烦''畏'。只有这样，'道在伦常日用中'才不是道德的律令、超越的上帝、疏离的精神、不动的理式，而是人际的温暖、欢乐的春天。它才可能既是精神又为物质，是存在又是意识，是真正的生活、生命和人生。品味、珍惜、回首这些偶然，凄怆地欢度生的荒谬，珍重自己的情感生存，人就可以'知命'；人就不是机器，不是动物，'无'在这里便生成为'有'。"[1] 当代中国伦理学话语体系的建构，不仅关涉伦理学的学科自觉，而且触及如何理解多元文明类型和伦理生活的样式。活的伦理概念应该赋予道德以生命的灵魂，好的伦理生活正是对道德本真生命的发现、呵护和践行。从"情"作为一个厚概念的视角思考中国现代性道德困境，复活了情感在当代道德生活和伦理话语中的生命力，丰富、扩大了我们的"存在方式"。一种厚实的温暖的当代中国伦理学，才是一幅更值得期许的伦理学知识图景，才是中国伦理学对人类文明和世界哲学的更大贡献。

## 第二节　性情理之间

情与理是人类彰显自身殊于万物的两重特性，它们关系着人的认知与行动，是主体处理自我与世界关系的两重标尺。情理不分或情理交融是中国传统哲学更重要的思维特征。自先秦至宋明儒学表现出来的对情欲的节制和抑制，尤其说明了儒家在工夫论上的情理结构。在关于人性的概念中，性、情、欲、义、心都是和现代情理相关的概念，其中性情之辨和理欲之辨是传统儒学中的重要议题。传统儒学虽然始终保有情理和谐的基本主张，但性情之辩也逐渐衍化为鲜明的"以性制情"特征。

从孔子的"性相近"到孟子的"性善"再到朱熹的"性即理"，

---

[1]　李泽厚、刘绪源：《该中国哲学登场了？——李泽厚2010年谈话录》，上海：上海译文出版社，2011年，第72—73页。

性的地位不断被提高提纯。可以看到，性在成为理的过程中将情去除了。原本孟子的四心并未在情理上做区分，人性之所在的恻隐与羞恶事实上更接近于道德情感而非道德理性，人的所有本能中唯有合于仁义的那部分才能被看作是性，性善但情未必恶。

孟子的"四心"与"四德"相应，"恻隐之心，仁之端也；羞恶之心，义之端也；辞让之心，礼之端也；是非之心，智之端也"（《孟子·公孙丑上》）。四心近于情感直觉，在孟子这里这四种情感直觉是四种理性化品德的"端"。学术界两种理解进路，一种认为四心是四德的萌芽（四心萌芽说），另一种认为四心是四德的根源（四心本源说）。在更进一步的研究中，四心被看作是是四德的心理本源，奠定了四德的情感根基，并且认为四心为四德提供了心性基础。[①] 这才是孟子基于孔子仁义礼智等原本未多展开的道德的德目，做出的原创性贡献。孟子虽阐释了仁义礼智等德目，但未就其基础做过多叙说。这里的争议是心与性的归结问题。在蒙培元那里，四心是道德情感，仁义礼智是道德理性，这是将四心与私德做了"情"与"性"的划分，而与之相反的观点则将情与性同等化。这两种观点虽然在情与性的关系上有差异，但都抓住了先秦儒学，尤其是孟子在性情问题上的精髓，即情是道德人性的基础、本源、发端。

在《荀子·性恶》中，性与情都被视为争夺好利的根源，"然则从人之性，顺人之情，必出于争夺，合于犯分乱理而归于暴。故必将有师法之化，礼义之道，然后出于辞让，合于文理，而归于治。用此观之，然则人之性恶明矣，其善者伪也。"（《荀子·性恶》）性与情都需要外在的师法之化与礼义之道来进行规训。在荀

---

① 涂可国：《孟子"四心""四端"与"四德"的真实逻辑》，《武汉大学学报（哲学社会科学版）》2020年第2期，第34页。

子那里，情是性的一部分的外在显现，"性之好、恶、喜、怒、哀、乐谓之情"，也就是说，情原本内含于性中是"生之所以然者"。"情然而心为之择谓之虑。心虑而能为之动谓之伪。虑积焉、能习焉而后成谓之伪"，在《荀子·正名》中能够看到人的"虑"即是心对情的选择，心在此虑上行动。荀子区分了行动的两种类型，即"正利"与"正义"。仅以"正义"来看，人的道德行动是"虑"对"情"加以选择并行动的结果，情在道德行动中处于"被动"的位置。虽然在荀子那里，情处于道德行动的被动位置，但在先秦哲学中情未被直接等同于恶或与恶有关的欲望。

到了汉代，为了更加协调地处理人性中的善恶问题，性与情逐渐分立，情从性中脱离出来，成为了一个独立的概念，并且在内涵上成为与性相对的概念。董仲舒以阴阳观念解释性情，性为阳，情为阴[1]，《白虎通》则有言"阳气者仁，阴气者贪"，情与欲被结合起来，作为恶的承担者。在这一阶段，人的生理本能成为了需要教化和规训的对象。这是儒家对人性论的一次重要建构。自孟子开始，性就与天相关联，代表着天道赋予人的道德能力，在汉唐魏晋关于性情之辨的争论中，性的先天合理性逐渐获得理论确证，无论是秉持"性善情恶""性情有善恶"还是"性无善无恶"，皆认同性源自天。

宋明儒学将理概念上升到与道同等重要的地位。原本性情之辨是对人性本身的争论，但程颐和朱熹的"性既理"思想使性的含义直接拓展到人性范畴之外[2]，看似有外在天理与内在性理的区分，

---

[1] "身之有性情也，若天之有阴阳也，言人之质而无其情，犹言天之阳而无其阴也。"（《春秋繁露·深察名号》），见郭丹主编：《先秦两汉文论全编》，上海：上海远东出版社，2012年，第482页。

[2] "性即理也，所谓理，性是也。天下之理，原其所自，未有不善，喜怒哀乐之未发，何尝不善。发而中节，则无往而不善。发不中节，然后为不善。"《宋元学案》卷十五，见孟子：《孟子全集》，苏州：古吴轩出版社，2013年，第84页。

但实际上性情之辨拓展为天理人欲之辨。理欲之辨并非由宋明理学初创，先秦的义利之辨、天人之辨亦有此意，但宋明理学将天理推至伦理之极，赋予天理以绝对的伦理权威。天与天道是中国哲学的重要概念，也是一般用来和西方超验理性相比较的理概念。张君劢认为中国传统思想中的道相当于希腊哲学中的逻格斯，可以解释为真理、实体、宇宙演化过程以及生命原理。[1] 虽然儒家的天道并不同于外在超越性的上帝给予人强制的规则法度，但它仍然代表着世间最高的义。天道具有生成、彰显德的权威，但又不完全等同于理。理本身具有丰富的层次，天理、义理、性理有其内外之区，又有生成与显化之别。

儒学传统在心性论上形成了一条以性制情的工夫进路。即便在不同的哲学家那里，对情与性关系的理解不尽相同，但大都认同情的重要地位，并给予情在理义上的深刻关联，由此心性论的主轴依然是性体情用的架构。在中国传统儒家"性情之辨"和"理欲之辨"的关系结构中，性情之辨实际上更近于道德情感与道德理性之辨。首先在对象上，情理之辨与性情之辨都是针对人性本身来进行探讨的，且相对于天理与人欲的对立，对性情关系的探讨更为讲求体用之道，李翱、王安石、朱熹都秉持"性体情用"的观点[2]，沿着这样的观念中国儒学形成了以理制情的工夫论进路。这一进路在儒学传统中举足轻重，现代新儒家也将心性论看作是儒学传统的精髓。

情理问题是伦理学的基础问题。受西方哲学的影响，有的现代

---

① 张君劢：《新儒家思想史》，北京：中国人民大学出版社，2006年，第29页。
② 李翱主张性善情恶，"人之所以为圣人者，性也；人之所以惑其性者，情也。喜、怒、哀、惧、爱、恶、欲七者，皆情之所为也。情既昏，性斯匿矣。非性之过也，七者循环而交来，故性不能充也。"（见钟泰：《中国哲学史》，长沙：湖南师范大学出版社，2018年，第199页）。《复性书》但在其复性说中也体现了情由性生，情是性的外显这一层关系。

哲人以西方的情理概念论说人性。例如梁漱溟认为理性是人类的根本特征，区分理性和理智，理智是反本能的环节，需要更高一级的理性成其价值①，进入"无所为"的境地开出"无所私"的感情。而"无所私"的感情就是理性。对于情感和理性的关系，梁漱溟认为"理性、理智为心思作用之两面：知的一面曰理智，情的一面曰理性"②。在梁漱溟看来，中国的思维特征是情理，而不是对立的情理关系，与情理相区分的是物理。情理在于指示人们行为的动向，正义、善恶都关乎情理。马一浮则从传统心性概念入手，认为性即理，二者不过是意指对象不同，对于性情问题，也以心的体用关系加以说明，性体情用、性静情动。对于道德上的善恶问题，性即理所以纯然至善，而情经由气显化于外，所以会有善有恶，性情间的理想状态是"情皆顺性"。牟宗三的性情观追求性体超越于感性层面的喜怒哀乐③，性体主宰人的感性层面。牟宗三以康德的道德自律挺立儒家的心性传统，但同时拒斥了康德将情感排除在道德以外的做法。为了实现道德情感的超越性，他将道德情感提升至与心、理同等的地位，使其具有本体意义。没有道德情感，人就无法对道德法则产生兴趣并进而实践，情不仅是将法则与主体连接的重要环节，也是主体展开道德行为的推动力，如此一来道德情感本身便表征着人具有实践道德的主动性。

①　仅有理智不足以成人类之价值，仅由理智反本能的倾向发展下去，"本能变浑而不著，弱而不强"。在理智之上，还有理性这一更高的境界，使"其生命超脱于本能，即是不落于方法手段，而得豁然开朗达于无所为之境地"。梁漱溟：《中国文化要义》，上海：上海人民出版社，2005年，第110页。
②　梁漱溟：《中国文化要义》，上海：上海人民出版社，2005年，第111页。
③　"盖本心之寂感无间呈现，超越之体驾临于感性层之喜怒哀乐之上主宰而顺导之，则喜怒哀乐之发自无不中节而和矣。如此讲，则超越之体与感性喜怒哀乐之情分别既严，而超越之体之超越地顺节夫喜怒哀乐之情之义亦显。"牟宗三：《心体与性体》（下），长春：吉林出版集团有限责任公司，2013年，第77页。

梁漱溟被看作是"20世纪中国最著名的文化保守主义者和现代新儒学的'开启者'"①，以他自己"弃佛归儒"的人生经历，梁漱溟总结出人生的两条进路："出世间义"和"顺世间义"。"顺世间义"主要就是"追求与外在世界的通常准则相一致的世俗生活"②，世俗生活可以理解为佛学中讲的"有情众生"。在哲学思想上，梁漱溟认为理性是人类的根本特征，并区分理性和理智：理智也是人类的特征，他从生物进化论的角度出发，把理智看作是人类反本能的重要环节，是对先天有限性所作的后天思考和学习。③ 但仅有理智还不足以成人类之价值，仅由理智反本能的倾向发展下去，"本能便浑而不著，弱而不强"④。在理智之上，还有理性这一更高的境界，使"其生命超脱于本能，即是不落于方法手段，而是豁然开朗达于无所为之境地"⑤。这个"无所为"的境地能够升出"无所私"的感情。梁漱溟认为这个无所私的感情就是理性。"理性、理智为心思作用之两面：知的一面曰理智，情的一面曰理性。"⑥梁漱溟举例说"计算之心是理智，求正确之心便是理性"⑦。正是有这样的区分，梁漱溟才说"西洋偏长于理智而短于理性，中国偏长于理性而短于理智"⑧。中国的理性不同于西方的地方就在于对情理的偏重，同科学理性相比，梁漱溟认为情理在于指示人们

---

① 郑大华：《梁漱溟学术思想评传》，北京：北京图书馆出版社，1999年，第170页。

② 郑大华：《梁漱溟学术思想评传》，北京：北京图书馆出版社，1999年，第19页。

③ 梁漱溟：《中国文化要义》，上海：上海人民出版社，2005年，第110页。

④ 梁漱溟：《中国文化要义》，上海：上海人民出版社，2005年，第110页。

⑤ 梁漱溟：《中国文化要义》，上海：上海人民出版社，2005年，第111页。

⑥ 梁漱溟：《中国文化要义》，上海：上海人民出版社，2005年，第111页。

⑦ 梁漱溟：《中国文化要义》，上海：上海人民出版社，2005年，第111页。

⑧ 梁漱溟：《中国文化要义》，上海：上海人民出版社，2005年，第113页。

行为的动向，也即是情理和物理的区别。正义、善恶都关乎情理。在中西人性观的对比中，梁漱溟觉得基督教是人性原罪说，而中国古人则重视生命的和谐，"此和谐之点，即清明安和之心，即理性"①。因为追求的是生命自身的和谐，所以中国人不像西方人一样向外寻求上帝，这是儒家的重要精神，在梁漱溟看来就是对理性的寻求，儒家尊崇的是理性。因此，华夏民族的生存总是能表现向上之心强，相与之情厚。对于理智和感情的关系，梁漱溟比喻说"理智把本能松开，松开的空隙愈大，愈能透风透气。这风就是人的感情，人的感情就是这风"②，人类所要追求的是"生命通乎天地万物而无隔"③。

朱谦之自称是一位唯情论者，受梁漱溟哲学影响颇深。他的情感哲学的思想根基经历了从"虚无的宇宙"转变到"这世界"，认为宇宙的本体就是先前原有的宇宙之生命，宇宙的根本原理就是"情"。④ 对于情与道德之间的关系，朱谦之是借由批判佛学来说明的，他认为佛学认为宇宙中充满罪恶，人总是在贪嗔痴，这是因为他们没有看到生命好的方面，因为他们内心中有不好的念头（"多了一个心"）所以才会如此。朱谦之用母子间的情感举例，一个爱子的母亲不会觉得儿子有什么不好，这才是生活在情感中的状态。朱谦之确立情本体的目的是要与理性主义传统相抗衡，以情作为宇宙本体在近代中国哲学中是非常少有的。

儒学在现代转型过程中形成了情理哲学和情理学派。目前冯友

①　梁漱溟：《中国文化要义》，上海：上海人民出版社，2005年，第117页。
②　梁漱溟：《中国文化要义》，上海：上海人民出版社，2005年，第120页。
③　梁漱溟：《中国文化要义》，上海：上海人民出版社，2005年，第120页。
④　朱谦之：《一个唯情论者的宇宙观及人生观》，上海：上海泰东图书局，1924年，第53页。

兰（新理学）—蒙培元（情感儒学）这一脉学派的发展理路广受关注，在这一学脉的影响下，心灵儒学、个体儒学等新的儒学形态逐一出场。

"有情不为情所累。"冯友兰的哲学虽然被称为新理学，但是一定程度上延续的是儒家情感哲学的思路，致力于处理情理关系的平衡。在《新理学》中，冯友兰对宋明道学在人欲问题上的误解加以辩驳，认为宋明理学所强调"欲"并非是生理学意义上的全部欲望，而是"其中之反乎人之所以为人者"，即私欲。[①] 他把理性区分为道德底和理智底，在《新世训》"调情理"章中援引道家的观念，解释了"以理化情"和"以情从理"，"调情理"是为了达到"有情但不为情所累"的状态，需要运用的理性是"情或势中所表现底道理"或"对于此等道理底知识或了解"[②]，是不被情所累的无情忘我。在《新原人》中，冯友兰论述了道德与快乐之间的关系，认为无快乐为底，道德空无内容，只不过道德的快乐是追求他人的快乐。而相较于康德对道德做完全无偏好无情感的规定，冯友兰进一步区分了道德境界中的"义底行为"与"仁底行为"，"他心中若不兼有与别人痛痒相关的情感，而只因为'应该'如此行，所以如此行，则其行为，即是义底行为。若其兼有与别人痛痒相关的情感，则其行为即是仁底行为。仁底行为有似乎上所说底在自然境界中底人的行为，但实不同，因其亦是在觉解中实现道德价值底行为也"。[③] "仁底行为"是关乎他人情感的道德，即仁爱或仁者爱人。总的说来，关于情理关系，冯友兰区分了两个层次，一是"有

---

① 冯友兰：《三松堂全集》第四卷，郑州：河南人民出版社，1986 年，第 107—108 页。
② 冯友兰：《三松堂全集》第四卷，郑州：河南人民出版社，1986 年，第 454 页。
③ 冯友兰：《三松堂全集》第四卷，郑州：河南人民出版社，1986 年，第 612 页。

情但不为情所累"的理知状态,二是仁底仁爱德性,这一个层面侧重的是大公无私观。冯友兰虽然强调仁爱的道德价值,主张圣人之德以有情为根底,但是他没有对情感的形而上性以及情感如何获得本体地位进行论述。冯友兰的哲学就依然是"新理学",而不能成为以情感为本体或本位的情感哲学。

在冯友兰的基础上,蒙培元将情感问题推进到形而上学与本体地位。这一问题也成为情感主义所要解决的核心问题。蒙培元把中国哲学总结为情理之学①,不仅要从形而下讲情感,还要从形而上讲情感,"情可以上下其说"②。蒙培元把中国思维总结为"主体体验为特征的意向性思维,或情感体验层次上的意向性思维"③。这是一种直觉性思维,它的特点是"整体性、直接性、非逻辑性、非时间性和自发性,它不是靠逻辑推理,也不是靠思维空间、时间的连续,而是思维中断时的突然领悟和全体把握"④。蒙培元注意到是否具有某种情感是儒家进行道德评价的重要标准,他认为孟子的"四端"就是四种道德情感。在蒙培元看来,情感才是人最首要、最基本的存在方式。在中国传统思想中,儒道两家最讲真情,道教注重个体生命情调,儒家注重个体生命关怀。⑤ 儒家重视具有普遍有效性的情感,并且蒙培元认为儒家是以情感为核心将知、意、欲和性理统一起来。心是一个有机整体,而并非所谓知、情、意的分离。⑥ 儒家所讲的情感,本来就既有经验的、心理的一面,又有先验的、形而上的一面。儒家是理性主义的学说,但此理不是理智和

① 蒙培元:《中国哲学中的情感理性》,《哲学动态》2008年第3期,第21页。
② 蒙培元:《情感与理性》,北京:中国社会科学出版社,2002年,第21页。
③ 蒙培元:《中国哲学主体思维》,北京:东方出版社,1993年,第55页。
④ 蒙培元:《中国哲学主体思维》,北京:东方出版社,1993年,第187页。
⑤ 蒙培元:《情感与理性》,北京:中国社会科学出版社,2002年,第4页。
⑥ 蒙培元:《情感与理性》,北京:中国社会科学出版社,2002年,第14页。

理知，而是性理，性理以情为内容，"由情见性"。①

"由情见性"是蒙培元使情感获得本体地位的处理方式。具体的逻辑是：首先是肯认中国传统自我超越型形上思维；其次是自我超越肯定人的主体性，天命之性需要人的主体性来实现；最后是主体性的内容在于情。② 蒙培元对于所谓超越根据的认识不是实体论，中国哲学要解决的不是"对象世界"的问题，所以不能将中国关于道德奠基的见解坐落在康德的"物自体"上。蒙培元认为中国哲学不是实体论而是境界论，境界论以心为本体，以道德情感为对象。人本身就是情感的存在，情感的时空性是当下的生命活动，而情感同样具有超越时空的性质，这给予情感一种普遍形式。超时空的情感与具有时空性的当下生命活动不能分离。"当我们谈到情感与理性的关系问题时，我们看到，儒家承认人类有共同的情感，共同情感是人的德性具有普遍有效性的证明。"③ 在蒙培元看来，宋明理学始终没有区分"所以然之物理"与"所当然之性理"，所以在工夫论上会最终走向"格物穷理"。④ 具体理性通过情感实现性理，目的理性则是总体的、至高的道德命令。具体理性与目的理性统一于情感生成实现自身，从中可以看到蒙培元思想中具有本体地位的不是所谓的命令者，而是承载者，性理的承载者就是情感。情感是主体的感应而不是主客体的认知或反映。蒙培元认为，按照朱熹的心之发为情的说法，只有情是可见可说的，"那么，性在何处呢？既然性是情之体、情之本，就不能有情而无性，所以'推上去'时性在'未发之前'，是'寂然不动''净洁空阔'的状态；但

---

① 蒙培元：《情感与理性》，北京：中国社会科学出版社，2002年，第21页。
② 蒙培元：《情感与理性》，北京：中国社会科学出版社，2002年，第94页。
③ 蒙培元：《情感与理性》，北京：中国社会科学出版社，2002年，第22页。
④ 蒙培元：《中国哲学主体思维》，北京：东方出版社，1993年，第27页。

实际上这样的状态是不存在的，因为心无有不动之时，亦无有未发之时，因此，性只能从情上见，从'动'与'发'上见，这才是存在论的。性虽然是情所以存在的根据，但就其作为根据而言，它在情之'前'，可以说具有某种'时间'上的意义，因为在人的生命产生之前或生命活动出现之前，性作为'生生之理'已经在自然界'存'了，这是人性的源头；但就性之作为性而言，只能在人的生命出现之后，而且只能从人的生命活动，特别是情感活动而得到说明"①。

　　蒙培元强调情感的承载性，李泽厚则是强调情感的本源性。两种处理方式是对情感作为人类基本生存方式的本根性向度的理解。虽然论述情感如何获得本体地位的方式不同，但蒙培元和李泽厚有一个共同的前提，即以本体现象不分的"一个世界"为认知前提。李泽厚明确提出中国以"一个世界"为思维基础，蒙培元则将其总结为儒学的自然目的论。蒙培元认为朱熹和康德之间关于情感的分歧就在于现象与本体是否二分，"这里有一个最大的区别，就是朱熹并没有将本体与'现象'看成是两个互不相通的世界，一个是现象界，一个是现象背后的本体界。他虽然承认后者决定前者，但后者却不是独立的'存在'，恰恰相反，既然性决定了情，那么，二者之间必定有统一性，性也一定能够显现，即从潜在到现实的显现，这种显现同时即带有自己的本质于自身，全部问题就在于如何使本质全部实现。这同现象界的因果关系本来就不是一回事、根本就不是因果论的问题，因此，不能由此推出本体论上的'必然性法则'。这是一个自然目的论的问题，'天道流行'而'生生不息'，

---

① 蒙培元：《情感与理性》，北京：中国社会科学出版社，2002年，第122页。

这是朱熹和儒家在宇宙论或本体论上的基本信念与承诺"①。

虽然蒙培元认为性由情见，认为对于个体而言道德理性显现在他的情感生活中，"要看一个人有没有道德理性，只能从他的现实而具体的情感生活中去看"②，但是他并不认为道德情感就是道德理性。在蒙培元看来，道德理性起到的是规范的作用，道德情感要在道德理性的规范中得以说明其存在的意义，"道德理性即'性理'的先天预设是重要的，因为只有这样的自然目的性理论（天道、天命）才能保证人有善良本性，也才能使人的情感生活、情感世界具有意义和价值，更能启迪人的主体实践的自觉与信念"③。

蒙培元和李泽厚对康德道德哲学有着相近的评判，他们都认为康德的道德哲学因为不承认道德情感既能上通理性又能下通经验，故而斩断了道德情感与道德理性的关系，使道德理性变成无生命的、空洞的纯形式。蒙培元与李泽厚都是通过孔子消化康德，蒙培元认为相比于康德的道德哲学，儒学是活的思想，有着生命创造的丰富性，所以在吸取了康德哲学中的智慧后，"仍要回到儒家哲学的精神中来，从心理基础出发解决道德实践的问题"④。儒家的生命力正在于其对情感的重视和培育，它始终关注的是作为主体的真实存在与自我超越。

李泽厚与蒙培元都认为不应该将心性论作为儒学的神髓。相似的观点也出现在对李泽厚情本体的争论中，可以说这是"以情为本"的哲学所必须经受的一个挑战。中国的近现代哲学展现出一个情感转向的儒学理路，情理学派和情本体哲学都是以"情感"作为

---

① 蒙培元：《情感与理性》，北京：中国社会科学出版社，2002年，第125页。
② 蒙培元：《情感与理性》，北京：中国社会科学出版社，2002年，第123页。
③ 蒙培元：《情感与理性》，北京：中国社会科学出版社，2002年，第123页。
④ 蒙培元：《情感与理性》，北京：中国社会科学出版社，2002年，第420页。

人类生存的根本，强调情感的超越性，以情感为本就必须对情感的形而上性或本体地位进行确证。蒙培元、李泽厚虽然是通过不同的方法去论证情本的合理性，但他们都拥有一个共同的思考前提，李泽厚将其总结为"一个世界"，蒙培元总结为本体与现象不分。也唯有站在这个前提立场上，基础、本根、本源才有本体意义。

## 第三节　情理结构新解

李泽厚的哲学存在多重本体，如历史本体、情本体、心理本体、度本体，这些本体是历史本体在内外两个方向的发展，向外是工具本体，向内是心理本体，在心理本体中突出情感的地位时，又可以将历史本体向内的发展称为"心理—情感本体"。所以，同为内在本体的"文化—心理结构"又可以称为"情理结构"。① "情理结构"侧重表达情感的向度，表现一种文化心理内部人类动物性（欲）与社会性（理）交融后形成的结构。② 这里的"情"是人性和人生的基础、实体、本原③，在这个意义上，情理结构又是文化心理结构的核心。情理结构表示的是人类在历史中把动物性的情、欲保存、延续和提升到道德、审美的水平。④ 一方面，情理结构表征人类的独特性，"人以这种'情理结构'区别于动物和机器"⑤；另一方面，不同的文化群体会产生不同的情理结构，通过情与理的关系可以说明情理结构的基本特征。

① 李泽厚、刘绪源：《该中国哲学登场了？——李泽厚2010年谈话录》，上海：上海译文出版社，2011年，第77页。
② 李泽厚：《论语今读》，北京：中华书局，1990年，第16页。
③ 李泽厚：《论语今读》，北京：中华书局，1990年，第16页。
④ 李泽厚：《论语今读》，北京：中华书局，1990年，第4页。
⑤ 李泽厚：《论语今读》，北京：中华书局，1990年，第16页。

巫术活动被现代科学看作是非理性的迷狂行为，但正式的巫史活动有着繁复的操作规范和细节仪式。巫术活动是人运用源于自然的感知再无限接近自然的过程，这个过程既包含感知外化出来的情绪又包含繁复的操作细节，后者被看作是帮助人接近自然或灵体的必要环节。巫术仪式是内心情感与外在操作的结合体。巫术活动参与者的迷狂情绪要受到理知的强力控制，它成为一种包容着想象、理解和认知诸因素在内的情感状态。李泽厚认为，在塑建人独有的心理结构上，巫术礼仪起了决定性作用。巫术活动是人性情理结构的原初展现，巫术活动本身就直接表现为情感和理知的综合心理。例如由巫术礼仪（舞蹈等集体动态性活动）发展而来的卜筮活动（个体静态性活动）既有复杂的演算系统，又要求心灵和情绪的诚恳。心诚本身就是占卜活动需要的关键性质。[①] "巫术礼仪理性化产生的是情理交融，合信仰、情感、直观、理知于一身的实用理性的思维方式和信念形态。"[②] 这种情理结合的心理结构，通过周公"制礼作乐"进一步演化，巫术礼仪经过全面的理性化和体制化，成为了社会秩序的规范准则，"礼"由巫术礼仪上升为"天地人间的'不可易'的秩序、规范（'理'）"[③]。由情感理性化、规范化而形成的诸多德性品质，实际上就源自于原始巫君在沟通神明时的那些内在神秘力量，它们在理性化、规范化以后成为要求后世天子所具有的内在的品格和操守。

理性的情感化在道德方面就是李泽厚所说的理性凝聚。这个环节在儒学中存在很多经典案例，其中最典型的就是孔子"以仁释礼"。李泽厚认为孔子关于"礼"的语录平实日常，其内容是人情

---

① 李泽厚：《说巫史传统》，上海：上海译文出版社，2012 年，第 19 页。
② 李泽厚：《说巫史传统》，上海：上海译文出版社，2012 年，第 38 页。
③ 李泽厚：《说巫史传统》，上海：上海译文出版社，2012 年，第 32 页。

日用，依靠的是生活情理。孔子没有将"礼"引向宗教神义，而是使它具有了"更普遍的可接受性和付诸实践的有效性"①。相较于产生了宗教禁欲、渴求彼岸、拒斥现实等心理特性来说，儒家塑造的积极入世、坚韧生存的心理结构是以"具有自然基础的正常人的一般情感"为根底的。②"具有自然基础的正常人的一般情感"是人真正拥有的东西，它表征着人的真实存在。从这一点来说，这种一般情感本身就具有本体论意义，它不是任何人设想创造出来的，它的普遍性在于"生而有之"。巫史传统的重心，在孔子时代已经不再是如何对礼加以规范化的问题，而是如何为规范化、理性化的礼重新注入情感，即"以仁释礼"。"以仁释礼"的关键之处就在于对"具有自然基础的正常人的一般情感"给予形成心理结构的建设性意义。简单来说就是肯定情感在人类历史本体层面的建设性意义，"孔子将上古巫术礼仪中的神圣情感心态，创造性地转化为世俗生存中具有神圣价值和崇高效用的人间情谊"③，原本属神的神圣与崇高回落为属人的价值。这样一来，情感的作用就不再是理性主义所认为的处于被抑制和被改造的位置，相反情感的建设性意义意味着它不仅是心理原则的基础、内容，还代表着塑建心理原则的主动性。④ 孔子将规范化、理性化的"礼"进行了从"神情"到

---

① 李泽厚：《中国古代思想史论》，北京：生活·读书·新知三联书店，2008年，第16页。

② 李泽厚：《中国古代思想史论》，北京：生活·读书·新知三联书店，2008年，第16页。

③ 李泽厚：《说巫史传统》，上海：上海译文出版社，2012年，第38页。

④ 情感的建设性意义还体现在李泽厚对肯定性情感与否定性情感的区分。肯定性情感的培育有助于培养人的健全人格。尊老就是肯定性情感，可以说肯定性情感是具有正向价值的情感。"我讲情感，既有肯定性情感，也有否定性情感，这两种情感动物都有，人类则主要应培养正面即肯定性的情感。"参见李泽厚、刘绪源：《该中国哲学登场了？——李泽厚2010年谈话录》，上海：上海译文出版社，2011年，第110页。

"人情"的转换。即原来人的敬畏情感由神而来，神处于主体性地位，人处于从属性地位，孔子"以仁释礼"，使人意识到情感真谛不是外在的，而是基于人自身的内在情感与心理。德不必再依附于神，而是回到人的情感和心理上来。[1]

中国传统与西方基督教传统在文化心理上的差异体现在情理结构中，而情理关系又需要在各自的文化发展脉络中考察。在中国传统中，理性不是主宰情感，而是渗透在情感中。表现在现实生活和日常语言中，情理合一是人们处事的原则、品格境界的表征、行为判断的标准，如"合情合理、合乎情理、心安理得"等等。"良知是以'直觉形式'表现出来的'知'。"[2] 意志、情感、观念的三分则在于李泽厚要解决道德心理形式的非道德行为。"知"在伦理道德中主要是指善恶观念。"善恶本是一种观念，这种观念虽与个体苦乐有密切联系，但它们主要是一定时代社会群体所规范、制定、形成的观念体系、意识形态的一个部分。它们不是心理形式，而是具有特定社会意识的认知，并成为人性能力所执行的'理性命令''自由意志'的具体内容，同时它也渗透融化在人的情感之中而左右着情感。……人性能力与肯定的人性情感和正确的善恶观念（如现代社会性道德所提出的是非对错）相结合，才能够得到现

---

[1] "孔子以'仁'释'礼'，强调'礼'不止是语言、姿态、仪容等外在形式，而必须有内在心理情感作为基础。……因为当时'礼'制已完全沦为仪表形式，失去原作为内在心理对应状态的畏、敬、忠、诚的情感、信仰，于是孔老夫子才如此大声疾呼，大讲'述而不作，信而好古'，要求追回原巫术礼仪所严厉要求的神圣的内心情感状态。但这一'追回'并不是真正回到原始巫术礼仪的迷狂心理。因为时移世变，这既不可能，也无必要。因之孔子所要'追回'的，是上古巫术礼仪中的敬、畏、忠、诚等真诚的情感素质及心理状态，即当年要求在神圣礼仪中所保持的神圣的内心状态。这种状态经孔子加以理性化，名之为'仁'。"参见李泽厚：《说巫史传统》，上海：上海译文出版社，2012年，第37页。
[2] 李泽厚：《李泽厚集》，长沙：岳麓书社，2021年，第147页。

实的和历史的广泛认同和赞许。而培育肯定的人性情感（爱、恻隐之心）并以之作为善的观念的基础，也正是为了使人性能力得到良好的实现。"①

意志的形成离不开情感理性化与理性情感化的互动生成过程。"'理性的凝聚'。它在开始阶段（如原始人群和今日儿童）都是通过外在强迫即学习、遵循某种伦理秩序、规范而后才逐渐变为内在的意识、观念和情感。从而，这也可说是由伦理（外在的社会规范、要求、秩序、制度）而道德（内在的心理形式、自由意志），由'礼'而'仁'。人性能力由经验而先验，由传统规范、习俗、教育而心理。"② 虽然承认理性和观念具有个殊性，但是李泽厚更加强调理性的历史积淀和观念的时代性。也就是说，在经历了"历史—教育"路线的每个个体身上，理性有能力之差，但也存在着源自于历史积淀的一致性，它可以被总结为一种时代性的"知性水平"。在对道德现象的描述过程中，李泽厚着重强调的是具有时代一致性的某些观念，所以对个体而言，真正决定道德个殊性的不是某一种要素，而是他在成长教育过程中"情感理性化"与"理性情感化"这一互动生成的独特经历。

意志是一种属人的能力，它不仅表现为道德意志，生活生存中的诸多事务都需要依靠意志来实现完成，而自由意志则属于伦理道德的范围，它和人的自觉选择有关。意志的锻炼有助于人在道德行为上实现自由意志，前者是一种基于本能的先天能力，后者则是基于教育形成的人性能力。关于道德问题，李泽厚最重视的是"人性能力"，也就是说，是人性能力决定了人拥有道德心理形式。"仍然

① 李泽厚:《关于〈有关伦理学的答问〉的补充说明》，《哲学动态》2009年第11期，第29页。
② 李泽厚:《论语今读》，北京:生活·读书·新知三联书店，2008年，第578页。

把人性能力置放首位。由于理性对感性的绝对主宰才构成道德行为的特征而为动物所无有。所以我不赞同把道德自觉的理性行为如牺牲一己等同于动物自然本性的'利他主义'，把恻隐、辞让、爱恶、是非'之心'都说成来自动物或动物也具有。"① 情感与观念是变化的，但会"随同意志力量作为其内容而积淀下来"，成为那些或许指向不同行为但意涵相通的"情理结构"，如"忠""信"等具体的道德形式，这些道德形式在不同的地区和时代会有更为具体的道德内容，但它们内含的一些基本品质是相似的。这样的道德形式在个体那里称为"情理结构"，经历了从理性到感性的由外而内的心理结构的形成过程，外在的指令规范称为内在感性的心理定势或框架。② 这种感性的心理定势或框架表现在具体的道德判断和道德行为上近似于道德直觉，但李泽厚所谓的直觉不是先天的直觉，只是在个体具体的道德判断上表现为他的直觉。从伦理学的角度来说，道德直觉需要意志、情感和观念三要素的长期培育。③ 因为这里的道德直觉是同具体的观念结合在一起的，而具体的时代要求提出具体的道德观念。也可以说，是具体的观念与情感积淀在绝对的心理形式中，使人类的道德具有丰富的历史内容。

李泽厚借助康德谈道德心理，一是康德确立了人之为人的意志核心，二是康德在三原则中混淆外在人文（意志自由）和内在人性（意志自由与普遍立法），这一点成为李泽厚"两德论"的切入口。道德行为内含一种形式结构，李泽厚称之为内在的心理强制机制。"形式结构"体现了道德作为"人之所以为人"的人性能力是具有

① 李泽厚：《关于〈有关伦理学的答问〉的补充说明》，《哲学动态》2009 年第 11 期，第 28 页。
② 李泽厚：《李泽厚集》，长沙：岳麓书社，2021 年，第 32 页。
③ 李泽厚：《李泽厚集》，长沙：岳麓书社，2021 年，第 44 页。

普遍性的。道德人性的形式结构在康德那里表现为第一、三原则，即普遍立法和和意志自由："我在这样做，应当适用于所有人的规则、律令，所有人应效法于我，我的行为是可以'普遍立法'的行为。"① 在李泽厚看来这也是"应当"的指令先于"事实"的认识的一种体现。"应当"来自于有益于人类生存延续的目的。李泽厚关于文化—心理结构的"积淀说"要解决的正是道德行为内在的形式结构是如何形成的这一问题。

李泽厚对原始儒家中的情感路线进行挖掘，正是要反对现代新儒家以新的心性论或新理学所形成的一种理性主义传统，突破将心性论作为儒学神髓的观念。情感与理性的关系也是李泽厚伦理学关注的核心问题。在哲学本体论层面李泽厚提出"情本体"，在伦理学的道德心理层面李泽厚提出情理结构。李泽厚对情理问题的处理，既面向中国传统哲学的现代发展又面向中国现代哲学的理论需要。

李泽厚处理情理问题分为两个层面：一个是抽象的个体层面，提出道德心理是理性、情感、观念共同作用的心理结构，其中理性是主宰，情感是助力，观念是内容；另一个是传统文化层面，提出儒学的神髓并非心性论而是情本论，"道始于情"而非"以性制情"才是原始儒学的优长所在。这两个层面突出了情在李泽厚思想中的地位。反过来说，情本体是李泽厚独特的哲学主张，李泽厚一方面通过调和道德心理学中的情理关系为进路提出了情理结构，另一方面则以原始儒学的情感主义作为情本体的理论支撑。

情本体意味着情在人性形成的问题上处于本原、根基的地位。"心理—情感本体，指的就是人性的形成、人性的发展，即

---

① 李泽厚：《李泽厚集》，长沙：岳麓书社，2021年，第9页。

'内在自然的人化'。动物也有情感，这种'人化'，也就是人的动物性情感的人类化。我讲中国传统伦理学建立在动物情感'人化'的基础上，将自然情感理性化，理性化就是人类能够运用一套理性的观念、理性的思想来'命名'即管辖人的情感。"① 情感如果没有理的作用，只是当下时刻的感性、情绪的发生，个体所具有的时间性的情感在李泽厚看来就是情理融合以后的情感呈现，这也就是李泽厚所说的"动物情感需要人的形式"。"由社会人际关系所获得的情感，如丧礼使情感有所'饰'，'不饰则恶，恶则不哀'。由于有理性参与其中，悲哀和感伤使过去成了当下，感伤过去正是珍惜、眷恋今天，它可以生发出激励生存生活的力量，因为其中蕴涵了即积淀了理解、想象即知性，成为区别于动物人的情感形式。"②

李泽厚在这里提出了往往被哲学家们所忽视的作用，即理性满足情欲。根据李泽厚的情本体思想，尤其是美学美育的最高阶段，实际上已不仅仅超越了理性主宰情感的阶段，理性主宰情欲主要还是指理性对人的动物性的主宰和控制，而在更高的道德直觉和审美境界中，理性更多的是满足情感。道德自觉与美的情感享受是不能依靠动物性的部分来实现和满足的。

李泽厚非常重视亲子之情对人的情感塑建作用，认为儒家正是通过亲子之情作为人情的根基来进行人格情感培育的。通过李泽厚对汉代董仲舒儒法互用的论述也能看出，亲子是最能够被普遍化为天道、天理的普遍性情感。儒家非常重视从生物本能发展而来的情

---

① 李泽厚、刘绪源：《该中国哲学登场了？——李泽厚 2010 年谈话录》，上海：上海译文出版社，2011 年，第 108—109 页。
② 李泽厚、刘绪源：《该中国哲学登场了？——李泽厚 2010 年谈话录》，上海：上海译文出版社，2011 年，第 64 页。

感，以亲子之情为基本核心，发展出了亲疏远近、长幼尊卑的社会组织方式。亲子、夫妻、兄弟、友朋，人伦的建构就在情感的亲疏远近之间。根据这人际间的情感建立起了诸多情理交融的处事原则，"信义""忠义""道义""节义"都不是单纯的理性原则，而是情感原则。①

李泽厚反对把宋明理学的心性论视为中国哲学的神髓，其情本体的理论根源在原始儒家，"我的'儒学四期'说继承原典儒学'礼乐论'的'情欲论'主题，就是更进一步了解人的生理包括情绪等等自身，……'情'本有强大的自然性、生物性基础，只有它才能突破以社会性、共同性为本的语言而回归到真正个体的当下生存"②。个体当下生存于秩序和偶然的张力之中，所以个体的生存绝不是对某种绝对律令的彻底服从。人主动去参与感受的宇宙本体始终是带有神秘性、不确定性、多样性和挑战性的。"生命意义、人生意识和生活动力既来自积淀的人性，也来自对它的冲击和折腾，这就是常在而永恒的苦痛和欢乐本身。"③ 在个体不断经历痛苦与欢乐的当下真实生活中，理智、理知和理性都应该是用来帮助生存和生活的。那些哲学假设的至高理性，如果与人真实的生活过于遥远，那么它就只能在哲学沉思中发出光辉，于个体生存无甚大用。

这也正是李泽厚的"情理结构"超越道德哲学范畴，具有更大的伦理关怀之所在。"情理结构"不仅是人的道德心理结构，还是

---

① 李泽厚：《说巫史传统》，上海：上海译文出版社，2012年，第119页。
② 李泽厚、刘绪源：《中国哲学如何登场？——李泽厚2011年谈话录》，上海：上海译文出版社，2012年，第133—134页。
③ 李泽厚、刘绪源：《该中国哲学登场了？——李泽厚2010年谈话录》，上海：上海译文出版社，2011年，第72页。

生存心理结构。① 在理性的作用下，情感不再只是当下时刻的感性、情绪的发生，个体所具有的时间性的情感是情理融合以后的情感呈现，是动物情感获得了人的形式。"由社会人际关系所获得的情感，如丧礼使情感有所'饰'，'不饰则恶，恶则不哀'。由于有理性参与其中，悲哀和感伤使过去成了当下，感伤过去正是珍惜、眷恋今天，它可以生发出激励生存生活的力量。"② 对于个体而言，珍惜、眷恋、了悟、感伤是在获得自身的时间性，"客观的公共的时间是留不住的，能留住的大概只有你对时间的时间性的悼念、关切亦即珍惜、感伤、了悟、奋起。……珍惜、眷恋、感悟可以丰富你的客观的公共的时间，促使你更努力地去生活、行动，做你认为想做、该做的事情。在情感的时间性中潜伏的是存在虚无和死的意识。让死变为生的动力的，不是'此在'，而是这'时间性'"③。显然，在李泽厚那里，个体拥有时间性的具体内容就是各种情感的涌现。从个体的生存心理这一层面来说，在情理结构中，理性对情感不是道德哲学上所谓的压制和主宰，而是帮助和安排。

---

① 理的作用是帮助个体生存，它需要帮助人将涌动的各种情感变成能够生存下去的力量。"个人对于过去的珍惜、眷恋、感伤、了悟，其结果，也就使你能够对今天或明天作出更好的选择或抛弃。情感就是你的人生，非常珍贵。但过去并不包含所有的现在，现在也不包含所有的未来，这里没有预成论，有的是偶然性和创造性，要使过去帮助而不是妨碍你去创造将来。……情感使过去成为当下的珍宝。珍惜更是珍惜此时此刻的现在，也以此对待将来。是过去成为现在和未来的'源头活水'。需要继续阐明的是它们（珍惜等）与时间性、时间性与'敬畏而进取'的关系，这是要点所在。"（李泽厚、刘绪源：《中国哲学如何登场？——李泽厚2011年谈话录》，上海：上海译文出版社，2012年，第114—115页。）
② 李泽厚、刘绪源：《该中国哲学登场了？——李泽厚2010年谈话录》，上海：上海译文出版社，2011年，第64页。
③ 李泽厚、刘绪源：《中国哲学如何登场？——李泽厚2011年谈话录》，上海：上海译文出版社，2012年，第115页。

# 第六章

## 化理论为德性

冯契和牟宗三是 20 世纪下半叶创立了自己原创性哲学体系的两位中国哲学家。① 在真善美的关系问题上，以牟宗三为代表的现代新儒家强调中国传统哲学的现代诠释、中西哲学的比较与会通。在哲学上，他认为真、善、美统一是最高、最后的圆融，只有真、善、美统一才能畅通中华民族的文化生命，持守的是一种观念唯心论立场。与之形成鲜明对比的是，冯契沿着马克思主义实践唯物论道路，强调认识世界与认识自我的交互作用，不断化天性为德性，从自在到自为，在德性自证中去体认天道、人道和认识过程之道。冯契的智慧学说，力图解决知识与智慧的关系问题，实现真善美统一的自由人格塑造和社会理想。

冯契认为："一个思想家，如果他真切地感受到时代的脉搏，看到了时代的矛盾（时代的问题），就会在他所从事的领域里（如哲学的某个领域里），形成某个或某些具体问题。这具体的问题，使他感到苦恼、困惑，产生一种非把问题解决不可的心情。真正碰到了这样令人苦恼的问题，他就会有一种切肤之痛，内心有一种时代责任感，驱使他去作艰苦、持久的探索。如果问题老得不到解决，他就难免心有郁结。"② 时代的矛盾一定要通过个人的感受而具体化，这个非解决不可的问题，在冯契那里便是"知识与智慧"的关系问题。冯契认为，理智并非"干燥的光"，认识论里不能不考虑"整个的人"。忽视认识主体是整个的人，这是金岳霖和同时代很多哲学家的理论盲点。所以，冯契把元学看成认识论的最高阶段。他主张用 Epistemology，而不是 theory of knowledge 来翻译广

---

① 1997 年，在韩国召开的国际中国哲学学会年会上设了两个专场，一个是牟宗三，一个是冯契，遗憾的是两人都在 1995 年去世。
② 冯契：《认识世界和认识自己》，《冯契文集（增订版）》第一卷，上海：华东师范大学出版社，2016 年，第 5 页。

义认识论。广义认识论打通了认识论和形上学，将认识天道和培养德性作为哲学的根本任务，形成了个性化的"智慧说"理论体系。智慧说是关于宇宙人生的根本性认识，是关于性与天道的理论。广义认识论就是人自身的提高，培养德性是自然王国向自由王国的飞跃。冯契"智慧说"的哲学体系，包括"智慧说三篇"和"哲学史两种"①，体现了冯契史思结合的理论风格和高度的方法论自觉，即"哲学是哲学史的总结，哲学史是哲学的展开"。"智慧说三篇"展开为一体两翼。② "一体"指广义认识论（《认识世界和认识自己》，"两翼"分别指方法论和价值论。"化理论为方法"，主要指逻辑和方法论思想。"化理论为德性"，则是指价值论和自由思想。哲学理论一方面要化为思想方法，贯彻于自己的活动，自己的研究领域，另一方面又要通过身体力行，化为自己的德性，具体化为有血有肉的人格。

## 第一节　真善美统一的理想

近代以来，随着科学实证主义的兴起，科学与人生观的脱节日益凸显出来。王国维说："哲学上之说，大都可爱者不可信，可信

---

① "哲学史两种"，是指《中国古代哲学的逻辑发展》（上中下三卷）和《中国近代哲学的革命进程》。
② 冯契给邓艾民的信中说，广义认识论讨论四个问题："1. 感觉能否给予客观实在；2. 普遍必然的科学知识能否可能；3. 逻辑思维能否把握具体真理；4. 理想人格如何培养。"（冯契：《认识世界和认识自己》，《冯契文集（增订版）》第一卷，上海：华东师范大学出版社，2016年，第67页。）冯契认为自己对前面三个问题考虑得比较多，而对第四个问题考虑得少了。而这个问题在中国哲学史上占有重要的位置而当代也有重要的现实意义。——儒家有一个很好的传统，把认识论和伦理学统一起来。

者不可爱。"①"可爱者不可信"正是"叔本华、尼采这一派哲学，即西方近代哲学中非理性主义、人文主义的传统"；"可信者不可爱"则是"孔德、穆勒以来的实用论、科学主义的传统"。②"王国维之问"深刻反映了实证主义与非理性主义的对立，而在更深层次上，它们则是"近代西方科学和人生脱节、理智与情感不相协调的集中表现"③。如何化解理智与情感、可信与可爱之间的矛盾，从而达到一个新的更高的哲理境界？冯契从重释知识与智慧的关系视角对这一问题做出了全新的探索与回应。

广义认识论不应限于知识的理解，而应该研究智慧的学说，要讨论"元学何以可能""理想人格如何培养"的问题。所以，在认识论研究中，也是不仅要求理智的了解，而且要求得到情感的满足。④ 通过考察从意见、知识到智慧的辩证发展过程，冯契试图以此来说明"转识成智"是如何实现的，阐明"名言之域"向"超名言之域"的飞跃机制。⑤ 认识论的主要问题概括为四个："感觉能否给予客观实在？理论思维能否把握普遍有效的规律性知识？逻辑思维能否把握具体真理（首先是世界统一原理和发展原理）？理想人格或自由人格如何培养？"⑥

① 王国维：《静安文集续编·自序二》，谢维扬等主编：《王国维全集》第 14 卷，杭州：浙江教育出版社，2009 年，第 121 页。
② 冯契：《〈智慧说三篇〉导论》，《认识世界和认识自己》，《冯契文集（增订版）》第一卷，上海：华东师范大学出版社，2016 年，第 8 页。
③ 冯契：《〈智慧说三篇〉导论》，《认识世界和认识自己》，《冯契文集（增订版）》第一卷，上海：华东师范大学出版社，2016 年，第 8 页。
④ 冯契：《〈智慧说三篇〉导论》，《认识世界和认识自己》，《冯契文集（增订版）》第一卷，上海：华东师范大学出版社，2016 年，第 6 页。
⑤ 冯契：《〈智慧说三篇〉导论》，《认识世界和认识自己》，《冯契文集（增订版）》第一卷，上海：华东师范大学出版社，2016 年，第 7 页。
⑥ 冯契：《〈智慧说三篇〉导论》，《认识世界和认识自己》，《冯契文集（增订版）》第一卷，上海：华东师范大学出版社，2016 年，第 37 页。

## 一、 理想作为哲学范畴

一般意义上，理想是人们对美好现实的追求，是人们通过实践活动可以实现的奋斗目标；是人类精神生活的重要方面，是人们从事实践活动的动力源泉。"理想是客观现实的反映、概括，又是人格的体现。"[①] 理想还必须体现合乎人性的要求，特别是社会进步力量的要求。

任何观念、概念要取得理想的形态，至少需要具备三个特征：一是"反映现实的可能性，而不是虚假的可能性"，正是因为理想反映了现实的可能性，因而才有可能被实现，才有可能被付诸实践；二是"必须体现人的合乎人性的要求，特别是社会进步力量的要求"，由此可以看出冯契的"理想"是有价值取向的；三是"必须是人们用想象力构想出来的"，这一点体现出"理想"还表现为人的意识或目的性的作用。[②] 只有以上各要素综合在一起，观念才能获得理想形态，指导人类现实活动的正是这种具有理想形态的观念。

理想之所以有温度，在于它的现实可能性，不然就会缺乏现实的感召力。冯契的价值理论，在价值界之外，还关涉可能界。这个可能界是用想象力构造出来的，特别突出了理想性。冯契认为，在人类精神的任何活动领域，都是在现实中吸取理想，再把理想转化为现实。

---

① 冯契：《智慧的探索》，《冯契文集（增订版）》第八卷，上海：华东师范大学出版社，2016 年，第 65 页。
② 冯契：《人的自由和真善美》，《冯契文集（增订版）》第三卷，上海：华东师范大学出版社，2016 年，第 4 页。

基于实践的认识过程，是一个由自在而自为的过程。冯契从人的自由发展出发，对"以得自现实之道还治现实"这一广义认识论的主旨，从自在和自为两个层次进行了解释。"首先在自在的层次上，把认识世界和认识自己理解为自然演化过程。认识论首先要把认识作为自然过程来考察，这个过程即是客观过程的反映和主观能动性的统一，是物质和精神、世界和自我交互作用的过程。这种交互作用过程作为自然过程，它本身就是现实世界的一部分，有它客观自在的规律性。另一个层次就是自为，从这个层次来说，以得自认识过程之道还治认识过程之身，关于认识的理论、关于认识过程的辩证法转化为认识世界的方法，成为培养德性的途径。这就是我讲的'化理论为方法，化理论为德性'。"① 化自在之物为为我之物，由自发到自觉，造就自由人格。理想体现在自由人格方面，具有真善美的统一、知情意的统一的特征。

作为为我之物的"真"，指的是真理性认识的现实。"为我之物是被人认识和被人利用、改造了的事物，它不是黑暗中的自在之物，而是被人的理性的光辉所照亮，进入了人的意识领域的客观实在。"② 人们对事物的真理性认识不是冰冷的事实的呈现，而是在与人类的情感、意志的互动中，使得这些认识具体而微的具有了理想形态，并成为了激励人行动的动力来源。这时，真理性的认识就表现了符合人们利益、合乎人性发展的一面，从这种意义上讲，"真"就不只是客观的事实世界的呈现，不再是"光溜溜的'真'，而且同时是好的、美的"，从而具有了价值的意义。

---

① 冯契：《认识世界和认识自己》，《冯契文集（增订版）》第一卷，上海：华东师范大学出版社，2016年，第56—57页。
② 冯契：《智慧的探索》，《冯契文集（增订版）》第八卷，上海：华东师范大学出版社，2016年，第87页。

作为自觉人格特征的"真",主要指真诚。在冯契看来,"人的价值的实现表现为言行一致、表里如一的人格,用中国传统哲学的话来说,这样的人格不仅'知道',而且'有德',即有真实的德性,实现了人的理想。这样的人格是真诚、自由的个性,而决不是伪君子,伪道学"①。对世界的真理性认识为人们提供了人生理想,这也是"真"的价值意义的最重要的体现。冯契指出:"作为价值范畴的真,与善、美不可分割,理性与情感、意志统一于人的精神。这种真理性认识即智慧……智慧总要求取得理想形态,具有价值意义。"② 这也就肯定了我们的真理性认识内在地包含了对人生理想的指导形态,并且在与具体的实践结合中,形成个体关于社会的或人生的理想。

作为为我之物的"善"指的是体现了主体的意向和目的。冯契指出,化自在之物为为我之物,要通过人类有意识、有目的的实践改造活动。"为我之物实现了人的意向,体现了人的目的,因而便具有善的价值。"③ 这里的善,即是广义的"好"。一切可欲即可以使人快乐、给人幸福的对象都可称为"善"或"好"。狭义的善即道德意义上的善,"道德意义上的善是指涉及人伦关系的好的行为"④。在社会人伦关系中道德理想的实现,既要建立合理的社会人伦关系,又要重视培养个人的道德品质。

冯契指出,道德行为上的善,涉及的主要是义和利的关系。

---

① 冯契:《人的自由和真善美》,《冯契文集(增订版)》第三卷,上海:华东师范大学出版社,2016年,第133页。
② 冯契:《人的自由和真善美》,《冯契文集(增订版)》第三卷,上海:华东师范大学出版社,2016年,第137页。
③ 冯契:《智慧的探索》,《冯契文集(增订版)》第八卷,上海:华东师范大学出版社,2016年,第88页。
④ 冯契:《人的自由和真善美》,《冯契文集(增订版)》第三卷,上海:华东师范大学出版社,2016年,第161—162页。

"'义'和'利'、道德和利益是应该统一的。任何社会都需要有一定的道德规范来维护社会的合理秩序，使群和己的利益，都能得到适当的满足。"① 道德理想包括社会伦理和个人品德两个方面。"道德理想是人生理想的重要方面，是关于善的伦理和品德的理想。"② 从总体上说，道德理想就是要求建立以人民利益为基础的正义和仁爱的关系，养成具有正义和仁爱品德的人格。道德规范的合理性、正当性，就在于既符合社会发展的规律，又合乎人性的发展要求。

马克思主义认为，一切的奋斗都是为了达成自由的人的联合体。人是目的才是真正的、善的价值。冯契所讲的自由与善，都灌注了人的价值，既体现了现实的可能性，又合乎人性的需求，而且是人们运用想象力构筑的。例如，儒家伦理学主张"好学近乎智""好德如好好色"，其中有一种快乐旨趣，认为求善、求德与人性相一致，因而自然会带有一种"乐"。

冯契认为美德是完美人格的内在要求，审美意识之"所是"转换成道德意识之"应该"，艺术之美与道德之善融为一体。冯契指出：一方面，道德行为合乎规范是根据理性认识来的，是自觉的；另一方面，道德行为合乎规范要出于意志的自由选择，是自愿的。"一个真正有道德品质的人，是一个在道德上自由的人，他的道德行为一定是自觉自愿的。"③ 真正自由的道德行为体现了自觉原则与自愿原则的统一，具有意志和理智统一的特征。

---

① 冯契：《人的自由和真善美》，《冯契文集（增订版）》第三卷，上海：华东师范大学出版社，2016年，第163页。
② 冯契：《人的自由和真善美》，《冯契文集（增订版）》第三卷，上海：华东师范大学出版社，2016年，第170页。
③ 冯契：《人的自由和真善美》，《冯契文集（增订版）》第三卷，上海：华东师范大学出版社，2016年，第187页。

## 二、 自由是理想的实现

自由就是人的理想得到实现。"人们在现实中汲取理想，又把理想化为现实，这就是自由的活动。在这样的活动中，人感受到自由，或者说，获得了自由。"①

人在本质上要求自由，人的认识过程也体现了这一要求。基于实践的认识过程不仅是一个自然过程，也是一个实现人的要求自由的本质的活动。"自由不仅是自在，而且是自为。基于实践的认识过程，是一个由自在而自为的过程。"冯契从人的自由发展出发，对"以得自现实之道还治现实之身"这一广义认识论的主旨从自在和自为两个层次进行了解释。②

"首先在自在的层次上，把认识世界和认识自己理解为自然演化过程。认识论首先要把认识作为自然过程来考察，这个过程即是客观过程的反映和主观能动性的统一，是物质和精神、世界和自我交互作用的过程。这种交互作用过程作为自然过程，它本身就是现实世界的一部分，有它客观自在的规律性。另一个层次就是自为，从这个层次来说，以得自认识过程之道还治认识过程之身，关于认识的理论、关于认识过程的辩证法转化为认识世界的方法，成为培养德性的途径。这就是我讲的'化理论为方法，化理论为德性'。"③ 作为自由的人格，理想还应当是知、情、意的

---

① 冯契：《人的自由和真善美》，《冯契文集（增订版）》第三卷，上海：华东师范大学出版社，2016年，第1页。
② 冯契：《认识世界和认识自己》，《冯契文集（增订版）》第一卷，上海：华东师范大学出版社，2016年，第56页。
③ 冯契：《认识世界和认识自己》，《冯契文集（增订版）》第一卷，上海：华东师范大学出版社，2016年，第56—57页。

统一。"人格是一个精神统一体，是知、情、意等本质力量的统一体。每个人都有他的个性特征，每个人都是个'我'。而'我'把知、情、意统一于一身。"① 真善美统一的人格如何落实到社会生活中，还依赖于对"成人之道"问题的解决，也就是理想人格的培养问题。

冯契认为，"能动的革命的反映论"反映了时代的精神，是延续传统心物、知行之辩基础上中国近代哲学革命取得的最主要成果。正是沿着实践唯物主义的道路，冯契在金岳霖先生知识论思想的基础上做了进一步发挥，创立了"智慧说"的哲学体系，回答了知识与智慧关系的问题，也即阐明了认识由无知到知、由知识到智慧的辩证过程。冯契用"以得自现实之道还治现实"概括了金岳霖"知识论"的中心思想，他认为金岳霖先生偏重从静态的方面分析人类知识经验，这在某种程度上忽视了社会实践的历史进化和个体发育的自然进程，而冯契则从动态的方面阐述了"以得自现实之道还治现实"的认识论原理。冯契指出，由无知到知的认识过程是矛盾运动着的，知识的科学性呈现为在对知与无知这一矛盾的不断解决中逐渐提高的过程，而在对世界的认识中，作为认识主体也在不断觉醒着，这实际上就表现了认识运动是在认识世界和认识自己中交互促进的过程。而在阐述了"以得自现实之道还治现实"的原理基础上，冯契进一步从"化理论为方法，化理论为德性"两方面进行了发挥，特别阐述了自由人格的养成问题，实际上也就是如何获得智慧的问题。而所谓智慧，即是关于宇宙人生的真理性认识，体现为性与天道的统一。从认识对象和主体两个方面理解冯契关于认

---

① 冯契：《智慧的探索》，《冯契文集（增订版）》第八卷，上海：华东师范大学出版社，2016年，第65页。

识过程辩证法的阐述就是："从对象说，是自在之物不断化为我之物，进入为人所知的领域；从主体说，是精神由自在而自为，使得自然赋予的天性逐渐发展成为自由的德性。"①

通过走向广义的认识论，冯契在认识论论域内重新建立起知识与智慧之间的连接关系。作为认识对象的宇宙自然不再是与认识主体也即人无关的冰冷的世界，而是积极的参与到了人关于自身的理解之中，对世界的认识和对自己的认识表现为了认识过程中互相促进的两个方面的统一，这实际上也就消弭了近代科学主义与人文主义的对立问题。正是从这一角度看，冯契"智慧说"的哲学体系实际上从哲学源头上消弭了虚无主义的问题。在对认识从无知到知、从知识到智慧这一辩证过程的阐述中，冯契不仅回答了认识的客观性基础问题，而且也阐释了价值的来源和基础的问题，并从形上智慧的角度回应了自由理想人格的培养问题。

冯契一生都在追寻理想，探索智慧。对智慧之境的不懈追求，正是源于其爱智者的本色。1952 年，冯契在一篇自述材料中写道，自己"愿意在真理面前低头，总希望自己成为觉悟的人，因为我明白，觉悟就是自由，就是幸福"。另一方面，冯契追求智慧的精神动力，在更高层次上又扎根于他对理想的追求。1981 年底，冯契在致当年西南联大同学邓艾民的信中说："如果没有理想，人生还有什么意义呢？在十年动乱中，'左'的空想造成极严重的破坏，因而使人产生怀疑情绪，这是很自然的。但是，经过怀疑而又能坚持理想，这才是真正的强者。"② 在 1991 年 8 月 19 日给好友的一封

---

① 冯契：《〈智慧说三篇〉导论》，《认识世界和认识自己》，《冯契文集（增订版）》第一卷，上海：华东师范大学出版社，2016 年，第 38 页。
② 冯契：《哲学讲演录·哲学通信》，《冯契文集（增订版）》第十卷，上海：华东师范大学出版社，2016 年，第 248 页。

信中，76 岁的冯契写道："我的学生说我始终是个理想主义者。这话大概不错。我确是想用我的著作来培养人的理想、信念、德性。现实走着自己的路，是个必然王国。人的理想面对着现实，往往被碰得粉碎，变得像流星那样，一闪即逝。或者算是实现了，却变了形，完全不是原来所想象的那样。原封不动地实现的理想是很难找到的，即便如此，人还是需要理想。这是人的尊严所在。"[①] 冯契真善美统一的价值理想，躬身践行了中国知识分子立德弘道、刚健有为的人文精神。

不妨借用纽斯鲍姆对威廉斯道德哲学的评论，伦理学必须直面人类生活的困难性和复杂性。威廉斯复兴了道德哲学，被公认为将智慧和情感带入社会道德领域，重新点燃了行将熄灭的道德哲学的火焰，使这一门古老的学问恢复了勃勃生机。[②] 在冯契那里，哲学不仅是理论活动，也是一种实践的方式。冯先生确实是带给我们人类生命崇高的见证。他要把哲学回到生命、回到实践的哲学宗旨，化为一种人格，生动体现了哲学与人格的互证。

## 第二节　智慧说与成人之道

单一化模式化的圣贤人格已不再适应现代社会发展的多样化诉求。于是，在现代社会理想人格如何可能？一个人何以按照自己的性情、愿望和意志，对个体的自我发展和自我完善进行理性的追问和建构？如何重建道德和人生方向？始终是中国现代伦理学话语转

---

① 冯契：《哲学讲演录·哲学通信》，《冯契文集（增订版）》第十卷，上海：华东师范大学出版社，2016 年，第 313 页。
② ［美］M·纽斯鲍姆：《悲剧与正义——纪念伯纳德·威廉姆斯》，唐文明译，《世界哲学》2007 年第 4 期，第 22—32 页。

型的重心。

## 一、 人格与理想

从理想和人格的关系来说，人格是理想的承担者，理想是人格的主观体现。人的认识、意愿、感情、想象等因素综合地体现在理想之中。在把理想化为现实的过程中，人格也得到了培养。在冯契看来，人格是"从现实中汲取理想、把理想化为现实"的活动主体之"我"。这个"我"是"逻辑思维的主体，又是行动、感觉的主体，也是意志、情感的主体"。这几个方面的统一构成"人格"，从而使个体的行动表现为恒常的一贯性。由此，不能离开人的言行谈人格。因此，冯契平民化的自由"人格"，就更凸显人的"个性"品质，不同于传统人生哲学"人品"所表现出的与"道"相联系的普遍性特征。

冯先生充分肯定"人格"与道德品质的关系。他说："人格这个词通常也只用来指有德性的主体。一个伪君子、市侩、卖国贼，是丧失了人格的人。"① 在冯先生看来，"真正有价值的人格是自由的人格"，而"自由的人格"，"就是从现实取得理想，并把理想化为现实的活动"的主体及"理想的承担者"。② 这一"自由的人格"也即是在"性与天道"的交互过程中，不断地化"自在之物"为"为我之物"，使人为的习性变成仿佛是人的自然本性的东西，使人在规律和规则面前保持一种从容自如的"个性"姿态。因此，冯先

---

① 冯契：《人的自由和真善美》，《冯契文集（增订版）》第三卷，上海：华东师范大学出版社，2016年，第5页。
② 冯契：《人的自由和真善美》，《冯契文集（增订版）》第三卷，上海：华东师范大学出版社，2016年，第5页。

生强调的"人格"不是一种静态的、具有孤立意识的"个人精神"，而是充满着积极进取精神，在类与自我、自我与现实的交互活动之中不断丰富的"精神主体"："人格既是理想的因，也是理想的果"；"在把理想化为现实的过程中，人格得到了培养。而培养起来的'人格'又去承担新的理想"。人就在从现实中汲取理想、化理想为现实的活动中，"成为越来越自由的人"。①

人的自由个性发育，也即理想人格的培育问题，是冯契德性伦理话语的重要标识。平民化的自由人格理论有两个直接的思想源头，一是中国传统"成人之道"学说，二是中国近代新人培养学说。在冯契看来，中国古代哲学传统中，不管是儒家、墨家、道家还是佛教实际上都把追求成为"圣人"②，并且围绕人能否成为圣人以及如何成为圣人的问题展开了诸多论争。这些论争的核心就是理想人格如何培养的问题，形成了探索"成人之道"的智慧传统，其特征在于智慧学说与本体理论结合为一，认识论与伦理学、美学之间也沟通起来。先秦时期，孔子最先提出了成人之道的问题。子路曾问孔子关于"成人"的问题，孔子回答说："若臧武仲之知，公绰之不欲，卞庄子之勇，冉求之艺，文之以礼乐，亦可以为成人矣。"③ 这就是认为完美人格至少要求做到有智慧、廉洁、勇敢和才艺，而且还需要用礼乐来美化，实际上也就包含了知、意、情和真、善、美全面发展的要求。后来孟子讲仁、义、礼、智之"四端""充实之为美"，荀子讲"不全不粹之不足以为美"，也都是认为理想人格包含了真、善、美统一和知、意、情统一。在如何培养

① 冯契：《人的自由和真善美》，《冯契文集（增订版）》第三卷，上海：华东师范大学出版社，2016年，第5页。
② 当然，关于"圣人"的内涵在各种学说中是有所不同的，而且也是发展着的。
③ 朱熹：《四书章句集注》，北京：中华书局，1983年，第151页。

理想人格问题上，他们都重视通过学习、教育和修养来培养人的德性，认为应该在人伦关系中来培养人格，强调仁义礼乐教化的重要性，重视道德典范的育人力量。在孔子那里理想人格的榜样则是三代圣王以及周公，而到了孟子和荀子那里孔子也被认为是比肩三代圣王与周公的"圣人"，孟子有讲"仁且智，夫子既圣矣"[①]，荀子也说过"（孔子）德与周公齐，名与三王并"[②]。墨家的理想人格则是成为兼爱天下、制止战争的侠客，侠客其实是墨家意义上的"圣人"，而在培养这一理想人格上，墨家同样强调教育、学习和修养的途径，只不过相比于儒家，墨家还更强调行也即实践的重要性。道家追求的理想人格是"天地与我并生"、与自然为一的人格，这也是道家理想人格中的"圣人"，而要成为这样一个"圣人"，与儒家主张的"学以成圣"不同，道家认为"为学日益，为道日损"，道家的"圣人"是在"为道"中实现，因而老子主张要"绝圣弃智""绝仁弃义""绝巧弃利"；庄子也提出要通过"心斋""坐忘"的工夫，忘记一切仁义道德、是非、彼此，消除一切差别，才能达到自由、逍遥之境，总之强调的是"无为以成圣"。

汉代实行儒术独尊，孔子也逐渐被神化了，作为理想的"圣人"人格是否可以通过学习达到也成了问题。王充区分了"圣"与"神"，认为"圣"可以学而至，而"神"则是天生的，是无法达到的；魏晋时期，玄学与名教逐渐统一，"神"与"圣"也统一起来，理想的"圣人"人格按照郭象的理论看是万不可达到的。这一时期佛教东传，并且逐渐玄学化，在佛教中理想人格就是达到完全解脱的涅槃境界的佛，这也就是佛教中的"圣人"，在竺道生看来，"圣

---

① 朱熹：《四书章句集注·孟子·公孙丑上》，北京：中华书局，1983 年，第 233 页。
② 荀子：《荀子简释·解蔽》，梁启雄撰，北京：中华书局，1983 年，第 292 页。

人"这一理想人格是可以通过学习接近的，但只有经过"顿悟"人才能成圣。禅宗和宋明理学中，认为通过悟圣人可学而致的观点多少都受此影响。在如何成圣的问题上，中国禅宗的一大贡献在于重新将自觉原则与自愿原则统一了起来，唐代柳宗元讲"明"和"知"的关系，实际上也是强调将自觉原则与自愿原则相结合以造就理想人格。而宋明时期，如何学以成圣的问题表现在了关于尊德性和道问学的争论以及知和行的争论中。在成人的问题上，儒者们大都认可明理和用敬也即明和诚、学和养的重要性，但是在明和诚的关系进路上存在争议，以朱熹为代表的理学家们主张"自明诚"，偏重"道问学"，而陆九渊则主张"自诚明"，也就是偏重"尊德性"。不过明和诚都还属于"知"的工夫，而陈亮、叶适为代表的儒学事功学派则强调"行"的重要，强调要在治世、画策、救国这些实际的工作中来造就人才，成就理想人格，陈亮主张的理想人格也是能够担当国家大事的英雄人物。到明代，王阳明提出了知行合一的观点，主张在"致良知"的工夫中成就理想人格。

明清之际是近代"自我"人格观念开始启蒙的时代。黄宗羲发展了王阳明功夫与本体统一的观点，提出"功夫所至，即是本体"的观点，在理想人格培养问题上强调要通过"立志"培养豪杰之士，豪杰之精神就表现为了功业、文章，表现为一种激烈挣扎、冲突的反抗斗争。王夫之则提出"我者，德之主"以及"性日生日成"的观点，在成就理想人格问题上强调人的意志的作用，要发挥人的主观能动性。这些成人之道的主张中已经有了近代的色彩。

## 二、"圣贤"之后的人格追寻

进入近代以后，在中西文化的激烈碰撞中，中国近代思想家们提出了培养新人的观念。古代哲学传统尤其是儒学传统中，理想人格的代表总是古人，孔子之前是三代圣王，其后孔子本身成了圣人，培养理想人格也总是向他们的趋近。而到了近代，随着社会危机的不断加深以及西方近现代思想的传播，自龚自珍开始，要求个性解放的呼声渐高，理想人格的诉求逐渐转向追求自由、个性和独立的人格。龚自珍提出人材的培养要"各因其情之所近"，也就是根据每个人的才能和性情来造就其人格，其中首要的就是要打破封建枷锁的束缚。戊戌变法之后，梁启超在《新民说》提出了培养"新民"为代表的理想人格，其"新民说"强调民众之"自新"，"新民"就是要培养自尊且独立的人格。而要培养"新民"，梁启超认为重要的是要"除心奴""开民智"，并提倡"新民德"也就是要进行"道德革命"。在培养"新民"的问题上，不只是梁启超，严复、章太炎等都主张要"开民智"，只不过作为维新派的严复强调"知"的方面，也就是重在对西方近代思想的宣传，而作为革命派的章太炎则主张在革命行动中开民智。孙中山也强调"行"在培养新民人格中的重要，而且他还提倡为众人服务的人生观，重视在革命集体中唤起民众，共同奋斗。近代培养新人的人格诉求反映在教育中就是，反对科举制的斗争，学校教育取代了科举制度，新式学校的教育内容重视自然科学，新的人文社会科学取代了传统经学教育，而且也形成了比较平等的师生关系。

五四时期，培养新人的问题与人生观的问题相联系着，并且主要是围绕群己之辩展开的。胡适主张健全的个人主义的人生观，强调个人的自由选择和独立人格。梁漱溟主张儒家的合理的人生态度，他重视伦理关系，强调内心体认并在行动上贯彻情谊关系。李大钊主张合理的个人主义和合理的社会主义的统一的人格，他认为这种人格是劳动者自求解放的结果，主张应该在劳动和革命斗争中培养。鲁迅则描绘出了自由人格的精神风貌，将这种人格称为是觉悟的"智识者"，他如此描述了"智识者"的形象："这些智识者，却必须有研究，能思索，有决断，而且有毅力。他也用权，却不是骗人，他利导，却并非迎合。他不看轻自己，以为是大家的戏子，也不看轻别人，当作自己的喽罗。他只是大众中的一个人，我想，这才可以做大众的事业。"[①] 在鲁迅对理想自由人格的这一描述中实际上已经明确具有了平民化的色彩。

通过批判总结中国历史上关于人格培养问题的得失，冯契从自然原则和人道原则的统一、知情意的全面发展、个性自由与大同团结相结合等价值原则出发，提出了平民化自由人格的培养路径，即"在自然和人、对象和主体的交互作用中，实践和教育结合，世界观的培养和德育、智育、美育结合，集体帮助和个人主观努力结合，以求个性全面的发展"[②]。具体来说，主要展开为以下三个方面：

首先，实践与教育相结合。在冯契看来这是培养自由人格的根本途径。旧唯物主义认为人是环境和教育的产物，但从马克思主义的观点看，"环境正是由人来改变的，教育者本人一定是受教育的……环境的改变和人的活动的一致只能被看作并合理地理解为革命的实践"[③]。这其实就是强调实践在教育中发挥着根本的作用，人是在革命实践中自我教育出的。人在实践中接受教育，发挥了人的主动性，使得教育真正做到了"为了人""出于人"，体现了人道原则。人在实践中受教育还要做到人道原则与自然原则的统一，这

---

① 鲁迅：《且介亭杂文》，鲁迅先生纪念委员会编：《鲁迅全集》第六卷，广州：花城出版社，2021年，第59页。
② 冯契：《人的自由和真善美》，《冯契文集（增订版）》第三卷，上海：华东师范大学出版社，2016年，第252页。
③ 马克思：《关于费尔巴哈的提纲》，《马克思恩格斯全集》第3卷，第4页。

主要体现在了出于自然而归于自然的价值创造过程中。所谓"出于自然"就是说价值创造活动中要把客观现实提供的可能性与人的本性相结合；所谓"归于自然"就是习惯成自然，在价值创造活动中使人展现出的才能、智慧、德性如同人内在的自然本性。出于自然又在更高的层面上合于自然的过程是一个反复的螺旋式上升，在这一过程中人不断地实现着由自在而自为，即真正实现着自由，而且人的才能、智慧和德性也不断地得到塑造和提升。

其次，世界观与人生观的协同培养。教育的核心问题就是培养世界观和人生观，确立社会理想和个人理想。冯契认为，科学的世界观和人生观应该是智育、德育、美育和体育的有机统一，教育应该做到把智育、德育、美育和体育有机结合，培养、塑造全面发展的自由的人，这也是真正贯彻人道原则和自然原则的统一的要求。就智育方面来说，就是要重视科学知识的教育；就德育方面来说，冯契指出就是加强品德教育，并且他还认为德育不能局限于讲世界观、人生观，还要具体化到社会各个领域；就美育方面来说，冯契强调要用个性化的感性形象和各种审美活动来培养人。[1]

最后，是集体帮助和个人主观努力相结合。冯契指出，教育总是在一定的社会关系中进行的，只有充满爱和信任的关系才最有利于人的培养。因为只有在充满爱和信任的条件下，个性才能得到健康的发展，也只有在这样的条件下才能真正调动人在受教育中的主动性。具体到社会现实中，冯契提出应该发挥各级社会组织的作用，在各级社会组织中确立一种人道主义和社会主义统一的制度，让社会组织真正成为个性自由而又大同团结的教育组织。自由人格

① 冯契：《人的自由和真善美》，《冯契文集（增订版）》第三卷，上海：华东师范大学出版社，2016年，第248—250页。

的培养还需要发挥个人的主观能动性，不论条件如何，个人都应该立志做一个自由人，而且要不断地提高认识，加强修养锻炼，努力成就自己成为一个自由的人。不论处境如何，始终保持心灵自由思考，才是爱智者的本色。

### 三、 平民化的自由人格特质及其当代性

基于对自由和人格关系的理解，在分析了中国传统哲学中的"成人之道"与中国近代关于培养新人的学说的基础上，冯契提出当代应该培养的理想人格是"平民化的自由人格"。冯契指出，所谓平民化的自由人格"是自由的个性，他不仅是类的分子，表现类的本质；不仅是社会关系中的细胞，体现社会的本质；而且具有独特的一贯性、坚定性，意识到在'我'所创造的价值领域里是一个主宰者，他具有自由的德性，而价值正是他的德性的自由表现"①。冯契认为，与古代人追求使人成为圣人不同，平民化的自由人格反映了近代对培养新人的要求。作为理想人格的追求，平民化的自由人格表现了一种现实的普通人可切近的人格诉求。平民化的自由人格不要求培养全智全能的圣人，也不承认有终极意义的觉悟和绝对意义的自由，而是把自由当作人在劳动的本质中不断实践着的化理想为现实的过程，因而它体现了每一个个体的以自身为条件的劳动实践展开的过程中，自由是作为了人的趋向，体现在了人格在实践中的展开过程中。"我们所要培养的新人是一种平民化的自由人格，并不要求培养全智全能的圣人，也不承认有终极意义的觉悟和

---

① 冯契:《〈智慧说三篇〉导论》,《认识世界和认识自己》,《冯契文集（增订版）》第一卷，上海：华东师范大学出版社，2016年，第47页。

绝对意义的自由。不能把人神化，人都是普普通通的人，人有缺点、会犯错误，但是要求走向自由、要求自由劳动是人的本质。人总是要求走向真、善、美统一的理想境界，这种境界不是遥远的形而上学的领域。理想、自由是过程，自由人格正是在过程中展开的。"① 冯契倡导的平民化自由人格，鲜明体现了以下特征：

其一，平民性。所谓平民性，是指"平民化的自由人格"不同于传统儒家的理想人格追求，不是要求人人都成为圣贤，也不承认有终极意义的觉悟和绝对意义的自由。这样的人格是平民化的，不是高不可攀的，而是多数人通过努力可以达到的。

第二，创造性。平民化的自由人格以创造性劳动为其本质规定性。这种人格自由意识并不是遥不可及的，而是一般人在其创造性活动中都能获得的意识。"任何一个'我'作为创作者，不论是做工、种田，或是作画、雕塑、从事科学研究，都可以自觉地在自己的创造性劳动中改造自然、培养自己的能力，于是自作主宰，获得自由。"② 他的创造改变着自然，使之成为人的家园，也改变着自己，他是自己的主宰。由此，建构起自由人格。鲁迅强调"这些智识者，却必须有研究，能思索，有决断，而且有毅力"③，富有创造精神，"人必须发挥自性，而脱观念世界之执持。唯此自性，即造物主"。④ 有创造力才显示出个性化特征，有个性的人才具有创造力。

第三，个体性。所谓个体性，是指"平民化的自由人格"有别

① 冯契：《人的自由和真善美》，《冯契文集（增订版）》第三卷，上海：华东师范大学出版社，2016 年，第 245—246 页。
② 冯契：《认识世界和认识自己》，《冯契文集（增订版）》第一卷，上海：华东师范大学出版社，2016 年，第 324 页。
③ 鲁迅：《且介亭杂文》，鲁迅先生纪念委员会编：《鲁迅全集》第六卷，广州：花城出版社，2021 年，第 59 页。
④ 鲁迅：《文化偏至论》，鲁迅先生纪念委员会编：《鲁迅全集》第一卷，广州：花城出版社，2021 年，第 25 页。

于中国古代的特别是儒家的对类的态度，它也体现类的本质和历史的联系，但是首先要求成为人的自由的个性。"各人因其性情之所近，谋划、培养、发展都有他的独特性，而决不能整齐划一。"①平民化的自由人格"首先要求成为自由的个性。自由的个性就不仅是类的分子，不仅是社会联系中的细胞，而且他有独特的一贯性、坚定性，这种独特的性质使他和同类的其他分子相区别，在纷繁的社会联系中间保持着独立性。'我'在我所创造的价值领域里或我所享受的精神境界中是一个主宰者。'我'主宰着这个领域，这些创造物、价值是我的精神的创造，是我的精神的表现。这样，'我'作为自由的个性就具有本体论的意义"②。

　　冯契特别强调"智慧说"中的人格问题，不仅具有伦理学意义，而且更主要具有本体论意义，使本体论和智慧学说统一起来。作为主体的"我"不仅是一个认知的主体，而且是一个价值的主体，从而具有了本体论的意义。"我"作为自由的人性，表现出精神的一贯性、坚定性，通过评价、创作，表现其价值。精神为体，价值为用，自由的个性具有本体论意义。这种从本体论意义上来倡导"平民化的自由人格"，不仅凸显了"智慧说"的人格追求的特征，而且对实践唯物主义的本体论也是一种深化。

　　首先，平民化自由人格理论强调"自由"在伦理学领域所表现的"自愿选择"的一面，切中了中国传统伦理文化长期忽视自愿的弊端。冯契主张"自愿原则"与"自觉原则"相结合的新人培养原则，超越了"唯意志论"与"唯理性论"之争，解放了沉睡在人性

① 冯契：《人的自由和真善美》，《冯契文集（增订版）》第三卷，上海：华东师范大学出版社，2016年，第258页。
② 冯契：《人的自由和真善美》，《冯契文集（增订版）》第三卷，上海：华东师范大学出版社，2016年，第254页。

中的巨大潜力。在中国现代伦理学发展中，"自愿选择"的一面并没有得到足够的关注。20世纪以来的中国哲学家，很少像冯契这样系统地论述"自由"问题。冯先生的"自由"观，是马克思主义"自由人的联合体"的中国化表达。在这一"自由学说"基础上所提出的"平民化的自由人格"，具有深厚的历史内蕴和现实指向，为解决当前我国社会中道德规范的崇高性与道德实践的软弱性问题提供了一条切实可行的道路①，对当今中国的伦理学建设亦具有很强的指导意义，需要学界不断做出新的反思和回应。

其次，平民化自由人格理论是一种"有根"的价值论。冯契赞同王夫之的"性日生而日成"的观点。"一方面是'命日受，性日成'，人接受自然之赋予，不断受自然界的影响；另一方面，人也能够主动地进行权衡、取舍，进行选择，'自取自用'，并在活动中养成习惯、好恶，所以在人性的形成中，人不是完全被动的。"② 化天性为德性，使天性通过德性而得到完善，这就是人格培养的过程。冯契把平民化自由人格及其培养作为智慧说的核心问题，从认识论研究转向了存在论研究，建立了本体论、认识论与价值论统一的人格学说。

早在20世纪50年代，冯契就提出了"化理论为方法，化理论为德性"的哲学命题，主要是为了贯彻"理论联系实际"的方针。冯契认为，哲学理论要想有说服力和生命力，就必须转化成思想的方法，贯彻在自己的实践活动中，并且在自己对理论的身体力行中，将之融入自己的精神之中，也就是化为自己的德性，成就具体的人格。"化理论为德性"中所讲的"理论"在冯契那里主要是指

① 吴根友：《冯契"平民化的自由人格"说申论》，《哲学研究》1997年第11期，第40页。
② 冯契：《认识世界和认识自己》，《冯契文集（增订版）》第一卷，上海：华东师范大学出版社，2016年，第301页。

哲学理论，也就是智慧，是某种真理性的认识。因而，冯契所言之"德性"也不同于一般德性伦理学所关注的作为具体的道德品质的美德，更重要的它是一种智慧之德。这一理论化为德性的过程是实现从"知道"到"有德"的转变，而就其作为具象化的人格特质而言，就表现为了真善美和知情意的统一。

## 第三节　德性自证：问题与进路

德性自证，是走向真善美统一的自由德性的重要环节，也是冯契德性思想中一个富有原创性、个性化的理论表达。它将中国传统哲学重在求德与西方哲学重在求知的传统，在广义认识论的基础上统一起来，"会通以求超胜"，体现了一个真正的马克思主义者深沉的时代意识和道德情怀。

### 一、问题的提出

在"智慧说"理论体系中，冯契为何对德性问题给予了特别的关注？冯先生在 1980 年 3 月 19 日写给挚友邓艾民的信中，道出了原委："正如生物有个体发育与物种进化两方面一样，人类有德性的培养与社会进化两方面。唯物史观是关于后一方面的理论，这是马克思的贡献。但是关于人的德性的培养的理论，我们讲得很少，而遭受破坏很大。我想，如果能够就中国哲学的人道观的逻辑发展提出一点看法，将是很有现实意义的。"① 冯先生认为，应该在社

---

① 冯契：《哲学讲演录·哲学通信》，《冯契文集（增订版）》第十卷，上海：华东师范大学出版社，2016 年，第 237 页。

会发展中来研究个体的精神发育过程，研究各个时代的思想家如何从不同侧面反映了这个过程。"从中国历史来看，有着百家争鸣气氛的时代，比较有利于个体的精神发育，因为这样的时代有利于做到：一、言行一致；二、个性比较全面发展。……个体的精神发育，德性的全面发展，说到底，是要达到真、善、美的统一。从理论上说，就是认识论、伦理学和美学三者都以它为研究对象。所以，要考察一个哲学家关于人道的理论，不仅要看他在社会历史观上的主张，还要看他关于真善美方面的见解。中国哲学家关于'性与天道'的'性'，包括 nature、essence、virtue 等多重意义。人的本质要从社会历史、阶级性方面来说明，这是一方面；同时，人的本质应了解为从 nature 发展出 virtue 的过程（通过实践与教育），而它的全面发展，就是达到真、善、美的统一的人格。"① 个体德性虽然是特定社会环境的产物，但社会发展与个人发育并不总是处于同等序列。冯先生认为，马克思主义哲学更多关注的是社会发展演进过程和规律，借助中国传统哲学中丰富绵长的人道学说，则可以更好地研究如何促进个体精神发育与德性的成长。

如何"认识自我"是人类一个永恒的难题。中国传统哲学的优长正在于格外重视人生理想和人格塑造。从"认识自我"这一点来看，儒道分别代表了两个主要传统：本质主义和反本质主义。儒家着眼于自我与社会的关系，强调把握本质，个人的具体的存在从属于本质，人的自我价值从属于社会价值。道家强调把握存在，注重人与自然的关系，强调自我价值，忽视了人的社会价值。随着近代以来伦理价值观的深刻变革，对自我的认识发生了一个飞跃：理想

---

① 冯契：《哲学讲演录·哲学通信》，《冯契文集（增订版）》第十卷，上海：华东师范大学出版社，2016 年，第 238 页。

人格既不再是儒家的成圣成贤，也不再是道家的逍遥无为，而是强调自我的多样性、创造性、现实性和开放性，这样的自我认识无疑具有社会进步意义。然而，20世纪30年代以来，由于中国特殊历史条件和苏联教条式马克思主义的影响，以正统自居的马克思主义者长期以来没有认真考察"认识自我"的课题，他们往往把集体主义和个性主义对立起来，过分强调社会价值，忽视自我价值；过分注重自我的本质规定，忽视一个个具体存在的自我；过多强调了自觉原则和自我批评，忽视了自愿原则和自我实现、自我发展。① 最终压抑了"自我""个性"意识的充分发展，在理论上留下了一个关于人学的价值空场，在实践上造成了惨痛的历史教训。这种忽视自我的伦理观念，造就了大批鲁迅所说的"做戏的虚无党"，他们毫无特操，丧失了信念和尊严，成为权力和金钱的奴隶。个人崇拜、权力迷信与拜金主义相结合，严重破坏了社会伦理关系。

正是深切感受到所处时代的病痛，冯契的德性论格外强调德性自证，明确把人的自由、自愿原则摆在第一位，个人有独立选择的权利，才能对自己的言行负责任。在冯契那里，德性既是人格内在化的品德，也是社会实践性的品格；既关注道德个体，也关注社会道德共同体；既有对古代思想经典的回溯，也有对现实伦理问题的回应，并且对当代德性理论的发展趋势与论述主题展开反思和辩难，开辟了德性伦理审视的新视角。化理论为方法，化理论为德性，在实践唯物辩证法和广义认识论的宏观框架中，取得了一系列理论突破，体现了伦理学的原创意识。

---

① 参见冯契：《人的自由和真善美》，《冯契文集（增订版）》第三卷，上海：华东师范大学出版社，2016年，第152、244页。

## 二、 何为德性自证？

东西方哲学中都有关于"自证"的讨论。在西方哲学中，"自证"一般英译为 self-witnessing，同时也有"self-evidence"的意思，是指自明、自明性。唯识宗的"自证"，指的是识体四分（相分、见分、自证分、证自证分）中的一分。"自证分"指的是自身能证知自身有认识活动的自体，其作用在于证知见分缘相分的这一过程。不同于唯识之说，冯契所讲的"自证"，主要是指"主体对自己具有的德性能作反思和验证。如人饮水，冷暖自知"①，更接近于"证明"或"证实"，有 self-verification 之义。冯契说："我们说主体'能作反观以自证'，只是说主体有能力自证，实际上人们在平时的活动和感受中并不经常反观而求自证。自证是主体的自觉活动。"② 在实践过程中，主体通过情感活动自觉体认自我，用客观的创作过程和客观的作品来证实艺术家的灵感，用逻辑的论证和客观的实验结果来证实科学上的领悟，用具体的道德的行为来证实内心的良知和德性。从这个意义上说，自证又不是 self-verification，而是 proved by practice，通过实践和认识的交互作用来达到自我证成。

冯契立足于马克思主义实践唯物论的立场，将伦理学问题与本体论的讨论相结合，创造性地阐发了德性的本体论意义。冯契说："古人讲'立德'，主要指体现在道德行为和伦理关系中的品德，是从伦理学说的。我这里讲德性，取'德者，道之舍'之义，是从本

① 冯契：《认识世界和认识自己》，《冯契文集（增订版）》第一卷，上海：华东师范大学出版社，2016 年，第 353 页。

② 冯契：《认识世界和认识自己》，《冯契文集（增订版）》第一卷，上海：华东师范大学出版社，2016 年，第 354 页。

体论说的。"[①] 人的德性的培养，都是以天性为基础，在实践和教育中认识自己和塑造自己，化自在之物为为我之物，我作为德之主便自证其自由的品格。具体的德性既包括作为类和群体本体的力量，又在各个人身上具有个性化的特点。所谓自证是我体认自己的德性，并在行动中得以落实。冯契对德性的理解没有停留在通常的好品质的层面上，而是揭示了自由个性的本体论意义。德性自证的理论支撑和实践取径，正是奠基于冯契卓越的广义认识论框架与"智慧说"体系。

1. 德者，道之舍

"德者，道之舍"一语，出自《管子·心术上》第三十六章：

天之道，虚其无形。虚则不屈，无形则无所位忤，无所位忤，故遍流万物而不变，德者，道之舍，物得以生生，知得以职道之精。故德者得也。得也者，其谓所得以然也。以无为之谓道，舍之之谓德。故道之与德无间，故言之者不别也。间之理者，谓其所以舍也。

《管子校注》曰："谓道因德以生物，故德为道舍。"撰者解释为："道为虚位不可见，道即寓于德中。"[②] 《老子·第五十一章》也讲"道生之，德畜之""万物莫不尊道而贵德"。冯契借用"德

---

① 冯契：《认识世界和认识自己》，《冯契文集（增订版）》第一卷，上海：华东师范大学出版社，2016年，第357—358页。陈来先生认为："其实这就属于儒家常说的反己、反躬、反身、省察，观心的范围。但是，表面上冯契的自证说与孟子'反身而诚'的讲法也有接近之处，但冯契所理解的反观似未包括反省。然而不管冯契是否自觉，从儒学传统的角度来看，自证就是一种修身的功夫，一种心性修养的功夫。只是，这种自证在冯契思想中主要的功能是'知'，还不是'修'。"（陈来：《冯契德性思想简论》，《华东师范大学学报（哲学社会科学版）》2006年第2期，第42页。）
② 黎翔凤撰：《管子校注》（中册），北京：中华书局，2004年，第770页，第772页。

者，道之舍"之说表明自己的道德理论，就是以此为本体论的预设。因为道虚无所寄托，在人这里德性就是人道的最好处所。人道和天道、万物之道又是不可分割的。因而正是人的德性修为，构成了我们理解和把握世界的根据。

冯契意在指示我们常人，要以德为修道之舍、修道之径。[①]此一论断是对儒家居仁由义论的继承和弘扬。虚心以为道舍，仁义内在不可虚。冯契强调德性的生成性，认为儒墨的"仁爱"体现的是人道原则，即在社会生活中发展自己的能力和德性，道家认为德性的培养不能依靠人与人之间的仁爱关系，而是应该复归自然。"人道无非是凭借自然的赋予（良能）作主动的选择和坚持不懈的能力，以至习以成性，形成自己的德性。这样成身成性，循性定性，源于自然（天性）而归于自然（德性），正体现了人道原则与自然原则的辩证统一。"[②]人的德性养成，正是在社会实践基础上，不断化天性为德性，从天性的自然到德性的自然，是人道原则与自然原则的统一。这种统一，体现了德性的本体论地位。

2. 我者，德之主

冯契认为，"我"作为精神主体，在德性养成中起着关键的作用。他批判继承了王夫之"我者德之主，性情之所持也"的说法，"我"是德性的主体，"我"接受了道使性日生日成，使人格得到锻炼。冯契强调成人过程中的"自取自用"，注重发挥意志和主观力量的作用。同时，每个人都有独立的个性，要针对各自性情的差异和特点来具体培养，使各自的才能获得充分自由的发展。

---

① 《论语·述而》："志于道，据于德，依于仁，游于艺。"季旭升编：《论语》，北京：中央编译出版社，2006年，第215页。德是得道的内在能力和意向。
② 冯契：《人的自由和真善美》，《冯契文集（增订版）》第三卷，上海：华东师范大学出版社，2016年，第88页。

由"知道"而"有德"，此"我"自证为德性之主体，这种自我意识即良知。"在实践基础上的认识世界和认识自己的反复，即天与人、性与天道的交互作用，一方面使性表现为情态，自然人化而成为对人有价值的文化；另一方面由造道而成德，使天性发展为德性，而把人自身培养成为自由人格。"① 一方面，冯契认为，主体的能动性表现为精神在造就自我的过程中认识自我。就像黄宗羲所说的"心无本体，工夫所至，即是本体"，精神在不断发展过程中越来越具有本体的意义。另一方面，经过教育培养和自我努力，精神越来越具有坚定、一贯的性格，成为独特的自由个性，"在价值界中，精神为体，价值为用，价值是精神的创造。因此我讲化理论为德性，精神成为自由个性，它就具有本体论的意义"。② 在人与自然、性与天道的交互作用中，我与天地造化、时代精神为一，自由个性越来越具有本体的意义。精神不断凝结为主体德性的内在规定性，成为恒常不变的品质，不断创造属于自己的价值世界或意义世界。

自证是主体的自觉活动。人真正要认识自己，要经历一个锻炼、修养的过程。在实践的基础上，通过天与人、性与天道的交互作用，人的本质力量的对象化，劳动成果具有了内在的精神价值。冯契以"庖丁解牛""轮扁斫轮"为例，指出这些富有个性的创造性劳动，已达到技进于道的地步，技能成为德性，劳动成了艺术。在"以天合天"（以我之天合物之天，即以德合道）的创造性活动中，体验到了当下即永恒的自由境界，这就是"自证"。

---

① 冯契:《认识世界和认识自己》,《冯契文集（增订版）》第一卷,上海：华东师范大学出版社，2016年，第328页。
② 冯契:《认识世界和认识自己》,《冯契文集（增订版）》第一卷,上海：华东师范大学出版社，2016年，第66页。

现代新儒家认为，"我"作为认识之主体，不再是纯粹德性之主体。牟宗三指出：我们通常所说的"我"，可分三方面来说，即生理的我、心理的我、思考的我。但这三项所称的，都不是具体而真实的我。具体而真实的我，是透过实践以完成人格所显现之"道德的我"，即我之真正主体。以德为本，德性的我是最高的我，德性生命是人的正面生命。新儒家主张体知心性，"体"更接近于西方所谓的"实践理性"。①"性"既有其内在的本质，又参与了"天道"。"仁"不仅是道德的修养，而且是精神的转化；不仅是世俗的，而且是超越的，是超离和扩展，提升和不断突破自我限制。

新儒家强调德性之我的宗教性意义，内在的宗教精神是一种深沉的巨大的心灵动力。在儒家最重要的概念"仁"里，就体现了德性之我所固有的宗教性。这种宗教性来源于儒家"性"与"天道"的概念。根据这些概念，每个存在者都具有"本质上的一致性"，都参与了"天道"。冯契强调德性自我的主体性地位，"有德"之我具有终极性的意义，或者说是信仰性的意义，而非宗教性意义。冯契主张平民化的自由人格的建立，智慧通过实践化为人的德性与美感，自由个性就具有本体论的意义，具有了终极关怀的意蕴。这也是冯契人格理论与马克思实践哲学的相通之处。

3. 自明、自主与自得

人的各种本质力量综合于具体个性。人总是具体的人，一个个

---

① 熊十力在《新唯识论·明宗》中，对"智"与"慧"、"性智"与"量智"做了区分。智是"自性觉"，反求实证，自己认识自己，内心自识；慧则是向外寻求，"构画搏量"，即世间所谓的知识。智即是性智，慧亦称量智。"性智者，人初出母胎堕地一号，隐然呈露其乍接宇宙万象之灵感。此一灵感决非从无生有，足征人性本来潜备无穷无尽德用，是大宝藏，是一切明解之源泉，即依此明解之源说明性智。"熊十力：《原儒》，《熊十力全集》第六卷，武汉：湖北教育出版社，2001年，第324页。

的人，主体不仅有理性，也有非理性，有意欲、情感等，是融合了理性、情感、意志的整个的人。自由个性是个性化的，同时要求知意情全面发展。

智慧作为自由的德性，总是个性化的，是自得之德。"君子深造之以道，欲其自得之也。"① 道成了自得的性，才是德性。自由的德性，是在理性直觉中可以把握到的。理性直觉是理性的观照和具体亲切的体验的统一。从性与天道的交互作用来看理性直觉，就其为"道之撰"说，它是辩证的综合；就其为"性之显"说，它是德性的自证。② 理性直觉离不开德性自证，德性自证是实现转识成智、沟通认识论与实践智慧的必要环节。

"我自证为德性之主体，亦即具有德性之智。德性之智是我真诚实有，克服异化，解除蒙蔽，在心口如一、言行一致中自证的。自证，意味着理性的自明、意志的自主和情感的自得，所以是知、意、情统一的自由活动。"③

冯契继承张载、王夫之等关于德性之知的见解，"德性之知，循理而反其原，廓然于天地万物大始之理，乃吾所得于天而即所得以自喻者也"（《正蒙注·大心篇》）。主张在感性实践的基础上，进一步区分德性之知与见闻之知，德性之知即"诚明所知"，天道在我身上化为血肉，在我心灵中凝为德性，因此我能"即所得以自喻"，这就是德性的自证。德性的自证并不能脱离视听言动等感性

---

① 孟子：《孟子》，哈尔滨：北方文艺出版社，2018年，第112页。

② 冯契：《认识世界和认识自己》，《冯契文集（增订版）》第一卷，上海：华东师范大学出版社，2016年，第342、345页。

③ 冯契：《认识世界和认识自己》，《冯契文集（增订版）》第一卷，上海：华东师范大学出版社，2016年，第361—362页。

活动，而是通过感性实践中的表现（情态）来自证的。[1] 冯契指出："德性之智就是在德性的自证中体认了道（天道、人道、认识过程之道），这种自证是精神的'自明、自主、自得'，即主体返观中自知其明觉的理性，同时有自主而坚定的意志，而且还因情感的升华而有自得的情操。这样便有了知、意、情等本质力量的全面发展，在一定程度上达到了真、善、美的统一，这就是自由的德性。而有了自由的德性，就意识到我与天道为一，意识到我具有一种'足乎己无待于外'的真诚的充实感，我就在相对、有限之中体认到了绝对、无限的东西。"[2] 从一定意义上说，康德的实践理性，也是某种德性自证的理论。不过，康德的德性首先表现为人的普遍理性，"在主体之中并非先行就有或与道德性相称的情感。这是不可能的，因为一切情感都是感性的。但是德性意向的动力必须是超脱一切感性条件的"[3]。在对普遍理性进行确证之后，实践理性才开始负担自己的责任。这种实践理性确立的过程类似于冯契所论的德性自证。也许冯契通向马克思实践哲学的通道在此处就隐约被埋下了。

### 三、 德性何以自证？

#### 1. 从自作选择到自作主宰

自证必须有明晰的自我意识。意识主体不仅是作为类的分子的

---

[1]　冯契：《认识世界和认识自己》，《冯契文集（增订版）》第一卷，上海：华东师范大学出版社，2016年，第327页。

[2]　冯契：《认识世界和认识自己》，《冯契文集（增订版）》第一卷，上海：华东师范大学出版社，2016年，第36页。杜维明进一步将德性之知阐发为体知。"闻见之知是经验知识，而德性之知是一种体验，一种体知，不能离开经验知识，但也不能等同于经验知识。"《杜维明文集》第五卷，武汉：武汉出版社，2002年，第344页。

[3]　［德］康德：《实践理性批判》，韩水法译，北京：商务印书馆，2009年，第82页。

自我，还是社会关系中的自我，主体意识包括自我意识和社会意识。我，既是逻辑思维的主体，又是行动感觉的主体，也是意志情感的主体。"人类在实践与意识的交互作用中，其天性发展为德性，对自我的认识（包括对意识主体的自我的自证）越来越提高。主体意识不仅意识到自己的意识活动，而且意识到主体自我，人们能够以自己为对象来揭示自己的本质力量，来塑造自己，根据人性来发展德性。"① 自我就是理性、情感、意志的发用所形成的意识自我、精神自我。

作为意识主体的"我"必须具有"觉"的能力。"主体不仅对所思的对象、内容有了理解，而且主体自身有明觉的心理状态，并在和他人的交往中自证其为意识主体，从而具有自我意识。"② "由于反思，我这个主体就能够认识自己如何运用逻辑形式来统摄思想内容，如何凭借理性之光来照亮情、意、直觉等活动。同时也是由于这样的反思，意识主体就能够从与他人的交往中……自证其为主体。这样，就有了越来越明确的自我意识。"③ 人有了自我意识，就有了一种绵延的同一性。人就成了形体的主宰，就可以自主选择、自作主宰，自觉地塑造、发展自己。

从天性到德性是个由自在而自为的过程，由自在而异化、克服异化而达到自为的过程，就产生了自由意识。自我意识是独特的、相对独立的，能够通过反思自证其为主体。同时，自我离不开群体，只有在参与社会群体的活动中，才能确证自己的主体性。"不

① 冯契：《认识世界和认识自己》，《冯契文集（增订版）》第一卷，上海：华东师范大学出版社，2016年，第313页。

② 冯契：《认识世界和认识自己》，《冯契文集（增订版）》第一卷，上海：华东师范大学出版社，2016年，第170页。

③ 冯契：《认识世界和认识自己》，《冯契文集（增订版）》第一卷，上海：华东师范大学出版社，2016年，第309页。

能离开认识世界来认识自己，不能离开天道观来讲心性关系。我们考察心性关系时始终要把物质世界及其秩序作为前提"，主体不仅对认识客体有"觉"，"而且它还能够回光反顾，即用理性的光辉进行内省，从而意识到自我，即能知之主体。这就是由自在而自为，开始有自觉了"。①

意识活动不仅是认知，还有情意的作用。"人的认识不仅是理论理性的活动，还包含有评价。评价是与人的需要、情感、欲望、意志相联系着的。我们不仅以理论思维的方式来把握世界，而且以审美活动的方式、伦理实践的方式、宗教信仰的方式等来把握世界。"② 在评价中，自我意识越来越明确，成为自觉的"我"。"自我由自在而自为的过程，既是作为精神主体（心灵）的自觉，同时又是人的本质力量（天性化为德性）的自证和自由发展。"③ 在创造价值、人化自然的过程中，人的内在自然不断得以改造、发展，人的天性也就变成了德性。人不仅能自觉地主宰自然，而且能够在改造自然的基础上培养德性，实现自我主宰。

2. 从凝道成德到显性弘道

德性自证的首要前提是真诚。张载说："性与天道合一，存乎诚。"（《正蒙·诚明》）我有真诚的德性，便体会到与天道合一。在"自诚明"与"自明诚"的反复作用中，凝道而成德，显性以弘道，天道成了自己的德性，而"我"作为"德之主，性情之所持者"，便是自由人格。

① 冯契：《认识世界和认识自己》，《冯契文集（增订版）》第一卷，上海：华东师范大学出版社，2016年，第289页。
② 冯契：《认识世界和认识自己》，《冯契文集（增订版）》第一卷，上海：华东师范大学出版社，2016年，第309页。
③ 冯契：《认识世界和认识自己》，《冯契文集（增订版）》第一卷，上海：华东师范大学出版社，2016年，第289页。

"人类按其发展方向来说，本质上要求自由，在人与自然、性与天道的交互作用中，发展他的自由的德性。价值的创造、自然的人化，就是人与自然的交互作用。这种交互作用以感性实践活动为桥梁，正是通过感性实践活动，道转化成为人的德性，人的德性体现于道。"① 王夫之说："色、声、味之授我也以道，吾之受之也以性。吾授色、声、味也以性，色、声、味之受我也各以其道。"② 冯契先生将王夫之的这一命题置于实践的基础上重新考察，认为正是在实践活动中，通过性与天道的交互作用，使天道与人道在人化的自然中走向统一，人的德性逐步发展起来。这是一个凝道而成德、显性以弘道的日新不已的过程。"只有经过凝道成德、显性弘道的反复不已，道凝成为自己的德性，德性又显现于实践而使道得以弘扬。"这才是自得、自由之境。③ 真正的德性出于真诚又复归于真诚。要发展真诚的德性，必须警惕异化现象，培养真诚的理性精神，不断解蔽去私。

德性的自证并非只是主观的活动、主观的体验，而有其客观表现。心口是否如一，言行是否一致，这是自己能"自证"的，别人也能从其客观表现来加以权衡的。"经过教育、锻炼来形成真正自由的个性，这就是理论化为德性的过程，理论化为德性要通过怎样一个过程？理论首先要成为理想，并进一步形成信念，才可能真正形成为人的德性。理想人格的培养，归根到底是要用科学的世界观

① 冯契：《认识世界和认识自己》，《冯契文集（增订版）》第一卷，上海：华东师范大学出版社，2016年，第324—325页。
② 王夫之：《尚书引义·顾命》，《船山全书》第二册，长沙：岳麓书社，2011年，第409页。
③ 冯契：《认识世界和认识自己》，《冯契文集（增订版）》第一卷，上海：华东师范大学出版社，2016年，第325页。

理论来指导人生，通过理想、信念的环节而变成德性。"① 同时，德性要进一步化为德行，德性的自证不仅靠主体的言论，更重要的是落实于日用常行，凝结为恒定的人格，展现为绵延的同一性。冯契通过对"德性自证何以可能"的系统论证，从理论和实践双重维度上，回答了"智慧说"中关于"理想人格如何培养"的问题。

## 第四节　走向自由德性

冯契的德性理论，植根于民族文化传统的思维方式和价值理想，在深入反思中国近代以来伦理价值观变革的基础上，对中国传统哲学关于性与天道的理论进行了批判性改造，为打通不同文化传统意义的德性论确立了一个牢固的本体论基础，以寻求一个人类德性共同性的真正支点。冯契的德性伦理思想不仅有一个儒家仁学德性论的内在情结，也与古希腊以来西方德性论传统有契合之处。亚里士多德认为德性源于本性，又高于本性，强调人的实践活动的自主性，德性通过习俗（ethos）而养成，德性就是倾向（disposition）和习惯。对德性伦理学的探究，在亚里士多德那里，"不是了解德性是什么，而是要让人变成好人"；苏格拉底是为了"照料你的灵魂"；柏拉图则是要讨论"我们应当如何生活"。在当代西方，以安斯库姆和麦金太尔为代表的伦理学家，不满于西方近代以来规范伦理学过分追逐道德的普遍规则，从而主张从整体上理解德性的内在品质，举起了"复兴亚里士多德传统、向德性伦理回归"的大旗。冯契强调真正的道德行为是以对天性的改造为基础，化天性为

① 冯契：《人的自由和真善美》，《冯契文集（增订版）》第三卷，上海：华东师范大学出版社，2016 年，第 255 页。

德性，行为出于实有诸己的全部人格。在具体德性的背后，蕴含着真实的存在和整全的个人，是本质与存在的统一。这种看法既超越了西方德性论者对具体行为规范的某种忽视，又规避了规范伦理学可能导致伦理相对主义的风险。冯契富有中国哲学特色和中国气派的德性自证理论，具有非凡的理论创造性和强烈的实践意义。主要表现在以下两个方面：

第一，开创了德性伦理研究的新范式。马克思主义哲学关于道德问题的理论，是建立在社会形态论和社会结构论的基础上。冯契关于德性自证的系统论证，则将本体论、伦理学和价值论问题统一起来，确立了一个以广义认识论为中心的道德研究新范式。冯契打通古今中西，援引古典伦理资源，包括儒道的生存论智慧和以亚里士多德为代表的政治伦理智慧，以回应当代伦理生活的新变化。中国传统社会的人伦秩序是等级差序格局，自我存在的根本内容就是确定自我与他人的相互关系，在以血缘和地缘为主轴的坐标系中确立自我身份和伦理义务。现代社会结构的变动，意味着既要重构新型人伦关系模式，又要对个体自我权益做出重新确认。传统伦理文化特别强调个体道德自觉；现代道德哲学非常强调个人的自主性和做出独立选择的能力，自愿成为现代自我存在方式的道德基础。冯契认为："从伦理学说，自由是人们出于理智上自觉和意志上自愿在社会行为中遵循当然之则（道德规范），也就是这些准则或规范所体现的进步人类的'善'的理想，在人们的德行和社会伦理关系中得到了实现。"[1] 道德行为的特点是要把合理的人际关系建立在"爱"的基础上，建立在自觉自愿的基础上。从此意义上说，冯契

---

"智慧说"的理论体系，为当代德性伦理的探究提供了成功的范例。

冯契精辟地指出，中国传统伦理学，尤其是正统儒家偏向理性自觉，与西方伦理偏向意志自愿形成鲜明对照。这个对照提示我们："要从人的存在与结构深处进行基础探讨与思考，在人的性、理、情、欲等方面掌握价值创生的本质与人格意志自由自主的涵义，这样才能开辟出新的理论框架，呈现高明广大的哲学境界。……这正是需要一种对根源本体的思考以及基于此一思考对历史传统中的知识论、方法论、价值论做出逻辑的、辩证的诠释与融合。"① 理性自觉与意志自由不仅不是相互排斥的，而且是可以在本体论的思考中调和互动的，冯契的这一洞见，丰富拓展了人的价值内涵和创造空间。

第二，为破解现代性道德难题、重建市场时代的伦理秩序提供了新思路。当下的中国已经进入了一个市场全胜的时代，市场社会需要重构它赖以存在的伦理道德基础。市场时代的秩序困境表现为外在的伦理失序和内向的心性失序。冯契先生的德性理论虽然形成于改革开放后不久，但对破解当下市场时代的道德难题，仍然具有穿越时空的理论魅力和现实指向性。冯契德性自证理论的中心关怀就是要在社会发展中，培养个体精神的发育。个体具有自由选择的权利和独立人格，才能对自己的言行负责。合理的道德价值结构，应该超越功利论与道义论的对立，体现功利原则与道义原则、外在功利价值与内在精神价值，以及工具性与目的性的统一。因此，破解市场时代的秩序困境，必须旗帜鲜明地反对权力迷信和拜金主义。同时，伴随现代化进程的推进，主体的道德直觉能力日趋钝

---

① 成中英：《冯契先生的智慧哲学与本体思考》，《学术月刊》1997年第3期，第5—6页。

化。重新唤起道德主体的觉醒，培育道德意识和道德能力，是现代道德哲学自我更新的内在要求。冯契肯定德性自我的主体性地位，强调自由个性的本体论意义，明确提出了"改变世界，发展自我"的命题。冯契重视心性资源的基础地位和德性自我的开掘，强调人性的自我理解、自我治理和自我更新，从人性本质和灵魂深处提升了德性主体的精神品格和向善能力。黑格尔在《德国唯心主义最初系统纲领》中预言：形而上学在未来将进入道德之域，而伦理学将成为具有一切理念的完整体系。随着哲学的伦理化，德性伦理的建设既需要与之匹配的社会制度安排和政治伦理建设，也需要理论本身的进一步推进。

对冯契德性伦理思想的研究审视，同样面临着一个视域转换的问题，即可否由认识论范式发展到生存论范式？由此观之，冯契的德性理论尚有待进一步深化、拓展和引申。道德理论的有效性受到现实生活的制约和考验，必须顾及当前的生活状况与社会存在方式。正如威廉斯所说，理论概念的缺陷恰在于它过于理论化，比它所欲论证的生活状况武断许多。[①] "对伦理生活的任何有效的反思都应该从日常生活内部开始——我们应该以日常生活、以我们对这种生活的理解为语境来理解伦理生活。只有采取这样的途径，我们才能真正地理解是什么构成了伦理生活，是什么决定了人要过一种伦理的生活，并且至多只能过那样的生活，又是什么将成全人对伦理生活的追求。"[②] 当前对德性伦理的深化研究，既要观照个体的人生体验、身份建构和伦理塑造，又关涉生活本身的多样性、人性

---

① B. 威廉斯：《伦理学与哲学的限度》，陈嘉映译，北京：商务印书馆，2017年，第127页。

② 卢华萍：《苏格拉底与亚里士多德论意志软弱》，载《外国哲学》第17辑，北京：商务印书馆，2005年，第110页。

构成的复杂性、道德行为的情境性。

其一，从道德心理学的视角，探讨道德行为的心理基础和动因机制。

随着认知科学和当代伦理学的发展，越来越多的伦理学者认识到：要把道德的理想和原则说清楚，需要关于心灵基本构造、主要情感、成长模式、社会心理以及我们的理性思考能力等方面的知识支撑，涉及道德行为的心理学基础。"真正的道德行为必定基于自觉的心理动因。伦理学所提供的道德理由只有落实于并体现为行为者的道德心理，真实地解释行为者的主观世界，使其欣然接受这些理由，才能催生真正的道德行为。"① 冯契先生所讲的自愿原则，还需要寻求更深层的道德心理学的经验支持和理论论证。

其二，从人类脆弱性和相互依赖性的角度探讨实践理性的本质。

冯契将人的类本质归结为不断摆脱动物性过程，强调的是人独立于动物性的一面，意味着对人的动物性的某种遗忘。在以往伦理学的话语体系中，道德主体往往被塑造成一种理性的、自足的、独立的形象，非人类动物不可能拥有思想、信念和行动的理由。然而，道德哲学必须关注人类真实的生存状况，将我们的脆弱性和苦难，以及对他人的依赖性纳入考察视野，赋予核心地位。承认依赖性的德性，才能充分实现独立的理性行动者的德性，揭示理性动物独特的潜能。麦金太尔在《追寻德性》中曾按照亚里士多德的方式，论述了德性在社会实践、个人生活和共同体生活中的地位，举起了"复兴德性伦理"的大旗。近年来他更新了这一既有观念，认

---

① 李义天：《美德伦理学与道德多样性》，北京：中央编译出版社，2012年，第28页。

为对德性的深化研究应考虑我们的动物性状态，承认我们由此而来的脆弱性和依赖性的需要，进而指出了捍卫这一哲学立场所需进一步论证的方向，"即人类的身份、知觉、评价性判断与事实性判断之间的关系，以及特定性格特征的心理现实"。①

此外，对冯契德性伦理的拓展研究，还应更多关注具体的道德生活和道德经验。亚里士多德说过："我们看到有经验的人比那些有理性但缺乏经验的人更能发挥作用。"② 要从道德生活和道德知识的历史中汲取资源，作为德性伦理的重要支撑。化理念为实践，化建构为范导，为道德哲学的发展提供更广阔的文化背景和可能前景。因此，冯契先生的德性理论，既是一个极富洞见的道德探究范式，也是一个需要在实践中不断证成和完善的伦理学方案。

---

① ［美］阿拉斯戴尔·麦金太尔：《依赖型的理性动物——人类为什么需要德性》，刘玮译，南京：译林出版社，2013年，前言，第4页。
② 亚里士多德：《形而上学》，A 981a14—15，转引自［美］阿拉斯戴尔·麦金太尔：《依赖型的理性动物——人类为什么需要德性》，刘玮译，南京：译林出版社，2013年，第10页。

# 结语 书写扎根大地的当代中国伦理学

　　创建扎根中国大地、具有中国气派和世界影响力的伦理学话语体系，已成为新时代的大问题。伦理学在秉承民族性、地域性、本土性的同时，又追问伦理道德判断的客观性、普遍性、科学性，它是集真、善、美为一体的可普遍化的知识价值学。在科学技术强势推进的当下，应用性学科如日中天，"伦理学何为"再度受到人们的质疑，伦理学的学科身份认同再次陷入了危机。同时，又在一定程度上存在着伦理秩序失衡，伦理知识体系支离，道德话语软弱无力，对社会现实缺少必要的解释力、感召力和回应能力。面对新时代、新问题，当代的伦理学应该基于现实生活实践对善与正当进行重新解说。时代迫切需要实现伦理学话语体系的转型创新，从而以其深沉的实践智慧诠释人类文明进步的方向。伦理学话语体系的重建，关涉当代中国伦理学的转型与创新，是推进伦理学学科体系、学术体系、话语体系建设的重要组成部分。

　　自古以来，伦理学为人类的生存与发展提供善恶判断、伦理关怀和精神慰藉，具有不可替代的独特价值。首先，伦理学与我们的生活紧密相关。尽管伦理学作为一门学科是近代学术分化的产物，但是自人类产生之始，就有伦理观念。如先秦的人伦之理、宋明的格物之理；西方的人为之理、规范之理等等。从出生到死亡、从个体快乐到普遍幸福等人生无法回避的命题，伦理学都给出了其独特的诠释方式。其次，伦理学可以帮助我们思考生活（生命）的意义。自苏格拉底提出"未经反思的生活是不值得过的",到密尔提出"宁愿做一个痛苦的苏格拉底,也不愿意做一只快乐的猪",人类对生活的意义与价值的探寻从未停止。正如休谟所言,意义与价值关涉主体的需要与满足,而不仅限于器物的改良与革新。由此,伦理学比器物之学更加有助于人类明晰并获取生活的意义感。再次,伦理学是用于维护人类命运共同体发展的"保养剂"。早在古希腊时期,柏拉图就提出我们对伦理的需求重于法律。法律是用来治病的,当一个人侵犯了他者,法律作为一剂"良药"会登场参与到该行为者的生活中。但是,无论是对于个人、还是对于国家,仅有法律是不够的。一方面,法律的制定与改良具有滞后性,另一方面,法律不能参与到人类每一处日常生活与行为。从人的生命机体角度看,我们也深知"保养剂"重于"良药",保养得当就不必去看病。中国传统哲学凝聚着深厚的生生伦理智慧,崇尚"协和万邦""和而不同"理念,主张通过合作对话,增进民族互信;"视天下无一物非我"的仁者情怀和大心境界,可以有效减少地球"生病"的可能与频率,守护人类文明健康发展之道。

纵观西方伦理学主流学派的核心论争,在当代中国学者看来,西方主流伦理学流派对于伦理学的发展做出了重要的贡献,但是由于西方二元论学说的根深蒂固的影响,致使其对伦理学知识体系的诠释中,对整全人的身体与灵魂、理性与情感做出了分离式理解,对整全生活进行了碎片化诠释,这就导致了当代西方伦理学陷入了困境。当然,当代西方著名伦理学家帕菲特、斯坎伦等学者试图进行一种融合式的尝试,但他们的尝试仍然是伦理理性主义的进路,未来伦理学的发展需要也有待中国学者的出场,在对中国传统资源进行新的诠释之后来推动伦理学的国际化发展。伦理学出于生活也应该回归于生活世界,因为伦理学本身就是关于我们如何过一种好的生活、如何做人做事的实践的研究。于是，结合中西社会发展之所需，伦理学知识体系的当代中国重建之未来发展要秉承时代性、中国性、世界性三大面向。

通过古今中外伦理学之管窥，可以发现伦理学建构发展的根本动力在于如何更好地回应时代需求、回归生活世界。新的时代呼唤新的建构，既要尊重伦理道德观念的地域性、本土性、民族性，又要注意时代普遍性与共识性。伦理学话语体系面向时代的重建，还可以理解为对某些既往伦理学的偏颇性做出修正。这是一种基于现实生活、世界发展需求的理论超越，而不是简单的否定以往的知识体系。改革开放后中国伦理学知识体系的建构呈现出多元伦理学共同发展的面貌，既要注意作为知识形态之建构的普遍性，也要注意面向时代的具体化。伦理学知识体系除了要回答伦理学的基本问题，更重要的是它还必须能具体地回答时代的问题、应对时代的挑战，在对时代问题的具体回应中，建构具有鲜明时代特征的伦理学知识体系，这一伦理学知识体系重建的理论基础依然具有普遍性特征，只是就这一知识体系主要面向时代具体问题来建构而言它又是特殊的。

经过改革开放四十余年的发展，中国特色社会主义建设已经进入了新时代。中国社会的主要矛盾已经从人民日益增长的物质文化需要同落后的社会生产之间的矛盾转化为人民日益增长的美好生活需要和不平衡不充分的发展之间的矛盾，这就要求中国伦理学必须回答美好生活以及不平衡不充分发展背后的伦理问题；新时代是朝着中华民族伟大复兴前进的新跨越，要有道路自信、理论自信、制度自信、文化自信，来共建人类命运共同体，这都要求伦理学知识体系的当代中国重建，真正体现中国特色社会主义建设的时代特色，体现中华民族的文化特色，能够参与国际社会的文明对话，为建构具有世界共识性和普遍性的伦理学知识体系贡献出中国智慧。

新时代伦理学话语体系建构要立足于中国特色社会主义伟大实践之"原"，此重建并不是完全的从头再来的理论重塑，更多地是在继承之前理论基础上进行新的创造、新的突破。其一，历史的突破。首要的就是要清楚认识"五四"以来近百年中国伦理学以及中国社会伦理精神、伦理观念的变迁，虽然改革开放以来，中国伦理学知识体系建设已经取得了较大的进步，但是总体上还存在着时代滞后性和鲜明的同质化，当代中国伦理学知识体系的重建首先就是对中国近现代以来伦理学知识体系已有建构的突破。其次就是准确把握中国传统伦理的精神，中国传统伦理的精神是中国伦理学根本的特色之所在，当代对中国传统伦理学的研究已经取得了十分丰硕的成果，对中国传统伦理学的研究范式、研究视域都亟待更新，中国传统伦理学参与世界伦理学对话、回应时代问题的能力依然有待强化。其二，理论的突破。改革开放以来，中国伦理学发展迅速，但对伦理学基础理论的原创性贡献还显不足，未能真正凸显中国伦理学的理论潜力。此外，中国学界对伦理学的研究虽然不再局限于道德规范层面，但对价值论、人性论、制度伦理的研究还有待进一步深入；对应用伦理的研究还存在着把它看成是一般伦理学理论在具体领域内的运用，真正深入具体领域内部去建构具体学科内的伦理学应用理论还有待加强。

当代中国伦理话语的转型与创新，是彰显中国文明价值的重要标识。中国伦理学有着悠久丰厚的文化传统，曾经支撑起"道德中国"的伦理大厦，建构了中国人独特的精神世界。思考当今中国伦理学知识体系如何重建，首要工作是重构中国伦理学书写和研究的理论范式，其重构根基就在于对中国伦理学的思想原点、元问题、元概念的认知和分析。中国伦理学的思想原点，不仅在于儒家以

"学以成人"为中心的人格理想，而且内蕴于道家深沉的生存伦理智慧。我们需要理清中国伦理学的元问题，如"道德与伦理之辨""群己之辨""义利之辨""理欲之辨""性情之辨"等一系列论题、概念、范畴。中国伦理学对这些问题的回答不是一种完全概念式的表达，需要在概念的互参中获得新的理解和呈现，需要运用概念史的方法，通过思想史的还原来解读相关术语、语词链、观念簇及其证成方式。当代中国伦理话语的创建，需要深刻理解中国传统伦理话语的精神特质。中国传统伦理话语有其独特的学说内涵，独特的运思方式、认知方式和叙事方式，有其自身特有的一套概念、范畴的话语符号系统。伦理学知识体系的当代中国重建，重在发掘中华民族的伦理思想传统，揭示中国新型伦理话语建构的历史成因和文化资源；梳理百年来伦理思想家的经验，探讨中国伦理话语建设路径，切实创建富有中国气象的伦理话语；考察中国伦理关键术语的创建和话语形态创新，阐述中国新型伦理学知识体系的内涵特质；引入实践智慧这一新的视角来研究中国伦理学知识体系建构，进一步拓展伦理学建设的理论空间和可能前景。这些都有助于弘扬中华伦理精神，更好地推进对中国伦理文化观念的认同与接受。

当代中国伦理学的建构，不仅是一个紧迫而重大的学术问题，而且是"中国现代性"中最紧要的现实问题之一，具有重大的应用价值和社会意义。从观念世界的层面看，伦理关涉"为何知""何为知""如何知"的实践智慧之知；从生活世界的层面，伦理关涉"为何行""何为行""如何行"的实践智慧之行。如何基于实践智慧将知行内化为一体，尤其是在当今面对个体善与公共善、个体权利与公共义务相分离、甚至相对立的时代，伦理学要将观念世界和生活世界统一起来，在社会实践中发挥价值引领作用。伦理学属于实践哲学，是旨在为建构良好的人伦秩序和社会公共秩序提供价值原则和基本规范的学问。伦理学知识的核心，即善或正当概念的日用意义，是从人们关于善的生活的观念和关于有德性的活动的观念中逐步地、历史地分离出来，并在日常意识中沉淀下来的。而且每一个时代都有特定时代的主要矛盾和中心问题，伦理学要直面生活世界，更好地回应生活世界，回应时代的核心议题，就应该致力于解决时代的主要矛盾和中心问题的挑战。尤其是面对这样一个日益多元化的社会，技术、经济、环境等领域暴露出的伦理问题越来越多，而旧的伦理框架已难以适应新领域诉求，无力解释实践提出的新问题，无法提供合理价值理念的引领，这都要求伦理学知识体系及时作出发展更新。面对当代人工智能与生命科技的挑战，在"机器向人生成"与"人向机器生成"的双重境遇中，回应人类和类人类（AI）如何相处以及如何持守人的价值与尊严问题，都需要重构和创新当代中国的伦理学知识体系。

建构中国伦理话语，更好地参与世界伦理对话。习近平总书记在哲学社会科学工作座谈会上的讲话指出："发挥我国哲学社会科学作用，要注意加强话语体系建设。在解读中国实践、构建中国理论上，……要善于提炼标识性概念，打造易于为国际社会所理解和接受的新概念、新范畴、新表述，引导国际学术界展开研究和讨论。"① 伦理学知识体系的当代中国重建，需要结合新的时代特点，诠释中国伦理精神特质，彰显中国伦理话语的主体地位。在当今世界学术格局中，中国伦理话语尚未充分呈现出自身的特点和魅力，没有发挥出应有的作用和影响力。在日益复杂的全球化背景下，如何更好地不忘本来，学习外来，书写有时代感和生命力的当代中国

① 习近平：《在哲学社会科学工作座谈会上的讲话》，北京：人民出版社，2016年，第24页。

伦理学，让中国伦理学更好地参与世界文明的伦理对话，是一项重要而紧迫的现实任务。

当前，人类正面临前所未有之大变局。当代中国伦理学新发展，需要结合我国现时代社会道德文化建设的实际需求以及国际伦理理论的前沿，探索具有现实解释力和价值规约力的大伦理学范型。在人类文明的新起点上，以马克思主义基本原理为指导，推进中国伦理传统的创造性转化和创新性发展，会通古今，熔铸中西，建构起面向生活、面向未来、植根人类命运共同体和当代中国实践的伦理学话语体系。

# 参考文献

## （1）古籍

程颐、程颢：《二程集》，王孝鱼点校，中华书局，2004 年。

龚自珍：《龚自珍全集》，王佩铦校，上海古籍出版社，1999 年。

黄宗羲：《明儒学案》，沈芝盈注解，中华书局，2008 年。

黄宗羲：《宋元学案》，沈芝盈、梁运华点校，中华书局，1986 年。

焦循：《孟子正义》，沈文倬点校，中华书局，2015 年。

黎靖德：《朱子语类》，王星贤注解，中华书局，1986 年。

陆九渊：《陆九渊集》，钟哲点校，中华书局，1980 年。

王夫之：《船山全书》，岳麓书社，1992 年。

王阳明：《王阳明全集》，吴光、钱明、董平、姚延福编校，上海古籍出版社，2011 年。

朱熹：《朱子全书》，朱杰人、严佐之、刘永翔主编，上海古籍出版社、安徽教育出版社，2002 年。

## （2）中文论著

安乐哲、贾晋华编：《李泽厚与儒学哲学》，上海人民出版社，2017 年。

蔡元培：《中国伦理学史》，商务印书馆，2010 年。

曾建平：《社会公德引论》，中央编译出版社，2004 年。

曾钊新、李建华：《道德心理学（上下卷）》，商务印书馆，2017 年。

陈嘉明：《知识与确证——当代知识论引论》，上海人民出版社，2003年。

陈嘉映：《何为良好生活——行之于途而应于心》，上海文艺出版社，2015年。

陈来：《传统与现代》，生活·读书·新知三联书店，2009年。

陈来：《仁学本体论》，生活·读书·新知三联书店，2014年。

陈来：《儒学美德论》，生活·读书·新知三联书店，2019年。

陈乔见：《公私辨》，生活·读书·新知三联书店，2013年。

陈少明：《做中国哲学：一些方法论的思考》，生活·读书·新知三联书店，2015年。

陈泽环：《道德结构与伦理学：当代实践哲学的思考》，上海人民出版社，2009年。

陈真：《当代西方规范伦理学》，南京师范大学出版社，2006年。

成素梅、张帆等：《人工智能的哲学问题》，上海人民出版社，2020年。

成中英：《成中英文集（共4卷）》，湖北人民出版社，2006年。

成中英：《新觉醒时代：论中国文化再创造》，中央编译出版社，2014年。

程炼：《伦理学关键词》，北京师范大学出版社，2007年。

程志华：《牟宗三哲学研究：道德的形上学之可能》，人民出版社，2009年。

崔宜明：《道德哲学引论》，上海人民出版社，2006年。

戴茂堂：《中国传统价值观念的基本结构与当代建构》，黑龙江教育出版社，2016年。

邓安庆：《启蒙伦理与现代社会的公序良俗》，人民出版社，2014年。

丁耘：《儒家与启蒙》，生活·读书·新知三联书店，2020年。

杜维明：《杜维明文集（共五卷）》，武汉出版社，2002年。

樊浩：《道德形而上学体系的精神哲学基础》，中国社会科学出版社，2006年。

樊浩：《中国伦理精神的现代建构》，江苏人民出版社，1997年。

范瑞平：《当代儒家生命伦理学》，北京大学出版社，2011年。

方克立：《现代新儒学与中国现代化》，天津人民出版社，1997年。

冯契：《冯契文集（增订版）》（11卷本），华东师范大学出版社，2016年。

冯耀明：《从分析哲学观点看儒家哲学》，东方出版中心，2023年。

冯友兰：《三松堂全集》，河南人民出版社，2001 年。

付长珍：《宋儒境界论》，广西师范大学出版社，2017 年。

甘绍平：《伦理学的当代建构》，中国发展出版社，2015 年。

干春松：《伦理与秩序》，商务印书馆，2019 年。

高国希：《道德哲学》，复旦大学出版社，2005 年。

高瑞泉：《动力与秩序》，广西师范大学出版社，2019 年。

高瑞泉：《平等观念史论略》，上海人民出版社，2011 年。

高瑞泉：《中国现代精神传统——中国现代性观念谱系》，上海古籍出版社，2005 年。

高兆明：《伦理学理论与方法》，人民出版社，2005 年。

高兆明：《心灵秩序与生活秩序：黑格尔〈法哲学原理〉释义》，商务印书馆，2014 年。

龚群、陈真：《当代西方伦理思想研究》，北京大学出版社，2013 年。

贡华南：《知识与存在》，学林出版社，2004 年。

郭齐勇：《熊十力哲学研究》，人民出版社，2011 年。

郭湛波：《近五十年中国思想史》，山东人民出版社，1997 年。

何怀宏：《良心论——传统良知的社会转化》，上海三联书店，1994 年。

贺麟：《文化与人生》，商务印书馆，1988 年。

贺麟：《五十年来的中国哲学》，上海人民出版社，2018 年。

胡适：《胡适全集》，安徽教育出版社，2003 年。

胡适：《中国哲学史大纲》，东方出版社，2012 年。

黄慧英：《解证儒家伦理》，东方出版中心，2020 年。

黄建中：《比较伦理学》，山东人民出版社，1998 年。

黄显中：《公正德性论》，商务印书馆，2009 年。

黄勇：《当代美德伦理：古代儒家的贡献》，东方出版中心，2019 年。

黄玉顺：《从生活儒学到中国正义论》，中国社会科学出版社，2017 年。

江畅：《西方德性思想史》，人民出版社，2016 年。

焦国成：《中国伦理学通论》，山西教育出版社，1997 年。

金观涛、刘青峰：《观念史研究——中国现代重要政治术语的形成》，法律出版社，2009 年。

金岳霖：《论道》，商务印书馆，2015 年。

金岳霖：《知识论》，商务印书馆，1983 年。

康有为：《大同书》，邝柏林选注，辽宁人民出版社，1994 年。

劳思光：《当代西方思想的困局》，华东师范大学出版社，2016 年。

李晨阳：《道与西方的相遇：中西比较哲学重要问题研究》，中国人民大学出版社，2005 年。

李景林：《教化视域中的儒学》，中国社会科学出版社，2013 年。

李明辉：《康德与中国哲学》，中山大学出版社，2020 年。

李明辉：《儒家与康德》，广西师范大学出版社，2021 年。

李明辉：《四端与七情：关于道德情感的比较哲学探讨》，华东师范大学出版社，2008 年。

李奇：《道德与社会生活》，上海人民出版社，1984 年。

李义天：《美德伦理学与道德多样性》，中央编译出版社，2012 年。

李幼蒸：《儒家解释学：重构中国伦理思想史》，中国人民大学出版社，2009 年。

李泽厚、刘绪源：《该中国哲学登场了？——李泽厚 2010 年谈话录》，上海译文出版社，2011 年。

李泽厚、刘绪源：《中国哲学如何登场？——李泽厚 2011 年谈话录》，上海译文出版社，2012 年。

李泽厚：《李泽厚对话集·廿一世纪（一）》，中华书局，2014 年。

李泽厚：《李泽厚集》，岳麓书社，2021 年。

李泽厚：《历史本体论·己卯五说》，生活·读书·新知三联书店，2008 年。

李泽厚：《伦理学纲要》，人民日报出版社，2010 年。

李泽厚：《伦理学纲要续篇》，生活·读书·新知三联书店，2017年。

李泽厚：《伦理学新说述要》，世界图书出版公司，2019年

李泽厚：《论语今读》，中华书局，1990年。

李泽厚：《批判哲学的批判——康德哲学述评》，人民出版社，1984年。

李泽厚：《人类学历史本体论》，人民文学出版社，2019年。

李泽厚：《什么是道德？——李泽厚伦理学讨论班实录》，华东师范大学出版社，2015年。

李泽厚：《实用理性与乐感文化》，生活·读书·新知三联书店，2005年。

李泽厚：《世纪新梦》，安徽文艺出版社，1998年。

李泽厚：《说儒学四期》，上海译文出版社，2012年。

李泽厚：《说巫史传统》，上海译文出版社，2012年。

李泽厚：《中国古代思想史论》，生活·读书·新知三联书店，2008年。

李泽厚：《中国近代思想史论》，生活·读书·新知三联书店，2008年。

李泽厚：《中国现代思想史论》，生活·读书·新知三联书店，2008年。

梁启超：《梁启超全集》，中国人民大学出版社，2018年。

梁启雄：《荀子简释》，中华书局，1983年。

梁漱溟：《梁漱溟全集》，山东人民出版社，2005年。

廖申白：《交往生活的公共性转变》，北京师范大学出版社，2007年。

廖申白：《伦理学概论》，北京师范大学出版社，2009年。

林毓生：《中国传统的创造性转化》，生活·读书·新知三联书店，2011年。

林远泽：《儒家后习俗责任伦理学的理念》，联经出版社，2017年。

刘爱军：《"识智"与"智知"：牟宗三知识论思想研究》，人民出版社，2008年。

刘师培：《经学教科书伦理教科书》，广陵书社，2016年。

刘小枫：《现代性社会理论绪论——现代性与中国》，上海三联书店，1998年。

刘小枫：《拯救与逍遥》，上海人民出版社，1988年。

卢风：《应用伦理学：现代生活方式的哲学反思》，中央编译出版社，2004年。

鲁迅:《鲁迅全集》,人民文学出版社,2005年。

罗国杰:《罗国杰文集(全6卷)》,中国人民大学出版社,2016年。

蒙培元:《中国哲学主体思维》,东方出版社,1993年。

牟方磊:《李泽厚情本体论研究》,知识产权出版社,2019年。

牟宗三:《康德的道德哲学》,吉林出版集团有限责任公司,2015年。

牟宗三:《牟宗三先生全集》,联经出版事业股份有限公司,2003年。

牟宗三:《生命的学问》,广西师范大学出版社,2005年。

牟宗三:《宋明儒学的问题与发展》,华东师范大学出版社,2004年。

牟宗三:《心体与性体》,吉林出版集团有限责任公司,2015年。

牟宗三:《圆善论》,吉林出版集团有限责任公司,2015年。

牟宗三:《智的直觉与中国哲学》,中国社会科学出版社,2008年。

牟宗三:《中国哲学的特质》,吉林出版集团有限责任公司,2015年。

牟宗三:《中国哲学十九讲》,吉林出版集团有限责任公司,2015年。

牟宗三:《中西哲学之会通十四讲》,吉林出版集团有限责任公司,2015年。

彭漪涟:《化理论为方法化理论为德性——对冯契一个哲学命题的思考与探索》,上海人民出版社,2008年。

宋希仁:《伦理的探索》,河南人民出版社,2003年。

宋希仁:《西方伦理思想史》,中国人民大学出版社,2010年。

孙春晨:《市场经济伦理研究》,江苏人民出版社,2005年。

孙向晨:《面对他者:莱维纳斯哲学思想研究》,上海三联书店,2008年。

孙周兴编:《海德格尔选集》,上海三联书店,1996年。

汤一介:《汤一介集》,中国人民大学出版社,2014年。

唐君毅:《唐君毅全集》,九州出版社,2016年。

唐凯麟、王泽应:《20世纪中国伦理思潮问题》,湖南教育出版社,1998年。

唐凯麟、曹刚:《重释传统:儒家思想的现代价值评估》,华东师范大学出版社,2008年。

唐凯麟：《伦理大思路：当代中国道德和伦理学发展的理论审视》，湖南人民出版社，2000年。

唐文明：《隐秘的颠覆：牟宗三、康德与原始儒家》，生活·读书·新知三联书店，2012年。

唐文明：《与命与仁：原始儒家伦理精神与现代性问题》，河北大学出版社，2002年。

田海平：《西方伦理精神：从古希腊到康德时代》，东南大学出版社，1998年。

童世骏：《当代中国的精神挑战》，上海人民出版社，2017年。

万俊人：《现代西方伦理学史》，中国人民大学出版社，2011年。

万俊人：《现代性的伦理话语》，黑龙江人民出版社，2002年。

万俊人主编：《20世纪西方伦理学经典》，中国人民大学出版社，2004年。

汪少伦：《伦理学体系》，商务印书馆，1946年。

王庆节：《道德感动与儒家示范伦理学》，北京大学出版社，2016年。

王兴国：《牟宗三哲学思想研究：从逻辑思辨到哲学架构》，人民出版社，2007年。

王泽应、唐凯麟：《马克思主义伦理思想研究》，湖南师范大学出版社，2013年。

王泽应：《现代新儒家伦理思想研究》，湖南师范大学出版社，1997年。

韦政通：《伦理思想的突破》，中国人民大学出版社，2005年。

吴震：《朱子思想再读》，生活·读书·新知三联书店，2018年。

肖群忠：《伦理与传统》，人民出版社，2006年。

肖群忠：《日常生活行为伦理学》，中国人民大学出版社，2018年。

谢幼伟编：《伦理学大纲》，正中书局，1943年。

熊十力：《熊十力全集》，湖北教育出版社，2001年。

徐复观：《徐复观全集》，九州出版社，2014年。

徐复观：《中国思想史论集》，上海书店出版社，2004年。

徐向东：《道德哲学与实践理性》，商务印书馆，2006年。

徐向东：《美德伦理与道德要求》，江苏人民出版社，2008年。

徐向东：《自我、他人与道德》，商务印书馆，2007年。

徐小跃、王明生主编：《名家论传统文化与道德》，南京大学出版社，2017年。

许淖云：《我者与他者：中国历史上的内外分际》，生活·读书·新知三联书店，2010年。

晏辉：《走向生活世界的哲学》，新星出版社，2015年。

杨国荣：《成己与成物——意义世界的生成》，北京师范大学出版社，2018年。

杨国荣：《伦理与存在：道德哲学研究》，华东师范大学出版社，2021年。

杨国荣：《人类行动与实践智慧》，生活·读书·新知三联书店，2013年。

杨国荣：《善的历程》，中国人民大学出版社，2012年。

杨国荣：《王学通论：从王阳明到熊十力》，华东师范大学出版社，2003年。

杨明：《现代儒学重构研究》，南京大学出版社，2002年。

杨玉荣：《中国近代伦理学核心术语的生成研究——以梁启超、王国维、刘师培和蔡元培为中心》，武汉大学出版社，2013年。

杨泽波：《贡献与终结：牟宗三儒学思想研究》，上海人民出版社，2014年。

杨泽波：《儒家生生伦理学引论》，商务印书馆，2020年。

姚新中：《比较视域中的儒学研究》，孔学堂书局，2016年。

余纪元：《德性之境》，中国人民大学出版社，2009年。

俞宣孟：《本体论研究》，上海人民出版社，2012年。

郁振华：《人类知识的默会维度》，北京大学出版社，2012年。

郁振华：《形上智慧如何可能：中国现代哲学的沉思》，广西师范大学出版社，2015年。

詹文杰：《柏拉图知识论研究》，北京大学出版社，2020年。

张传有：《道德的人世智慧：伦理学与当代中国社会》，人民出版社，2012年。

张岱年：《张岱年全集》，中华书局，2017年。

张灏：《转型时代与幽暗意识》，上海人民出版社，2018年。

张怀承：《天人之变：中国传统伦理道德的近代转型》，湖南教育出版社，1998年。

张汝伦：《现代中国思想研究》，上海人民出版社，2001年。

张晚林：《"道德的形上学"的开显历程——牟宗三精神哲学研究》，中国社会科学出版社，2014 年。

张锡勤主编：《中国伦理思想史》，高等教育出版社，2015 年。

章海山、罗蔚：《伦理学引论》，高等教育出版社，2013 年。

章太炎：《章太炎全集》，上海人民出版社，1982—1994 年。

赵士林主编：《李泽厚思想评析》，上海译文出版社，2012 年。

赵汀阳：《论可能生活》，中国人民大学出版社，2004 年。

周辅成：《西方伦理学名著选辑》，商务印书馆，1987 年。

周辅成：《周辅成文集》，北京大学出版社，2011 年。

周原冰：《周原冰道德科学研究文集》，华东师范大学出版社，2021 年。

朱贻庭：《中国传统道德哲学 6 辨》，文汇出版社，2017 年。

朱贻庭：《中国传统伦理思想史》，华东师范大学出版社，2009 年。

## （3）中文期刊论文

蔡祥元：《感通本体引论——兼与李泽厚、陈来等先生商榷》，《文史哲》2018 年第 5 期。

陈嘉明：《中国现代化视角下的儒家义务论伦理》，《中国社会科学》2016 年第 9 期。

陈嘉映：《伦理学有什么用?》，《世界哲学》2014 年第 5 期。

陈来：《李泽厚的"两种道德论"述评》，《船山学刊》2017 年第 4 期。

陈来：《论李泽厚的伦理思想》，《复旦学报（社会科学版）》2019 年第 1 期。

陈来：《论李泽厚的情本体哲学》，《复旦学报（社会科学版）》2014 年第 3 期。

陈来：《中国近代以来重公德轻私德的偏向与流弊》，《文史哲》2020 年第 1 期。

陈少明：《儒家伦理与人性的未来》，《开放时代》2018 年第 6 期。

陈赟：《儒家思想中的道德与伦理》，《道德与文明》2019 年第 4 期。

陈真：《道德研究的新领域：从规范伦理学到元伦理学》，《学术月刊》2006 年第

10 期。

陈真：《何为美德伦理学？》，《哲学研究》2016 年第 7 期。

程志华：《人类如何可能——李泽厚的历史本体论建构》，《文史哲》2020 年第 2 期。

戴茂堂、王涛：《伦理学是科学吗？》，《湖北大学学报（哲学社会科学版）》2018 年第 3 期。

邓安庆：《何谓"做中国伦理学"？》，《华东师范大学学报（哲学社会科学版）》2019 年第 1 期。

邓安庆：《美德伦理学，如何能成为一种独立的伦理学类型？》，《社会科学报》2020 年 1 月 3 日。

董平：《儒家道德哲学之"伦理生态"系统的形成》，《哲学研究》2006 年第 6 期。

杜维明：《全球伦理的儒家诠释》，《文史哲》2002 年第 6 期。

樊浩：《当今中国伦理道德发展的精神哲学规律》，《中国社会科学》2015 年第 12 期。

樊浩：《中国伦理学研究如何迈入"不惑"之境》，《东南大学学报（社会科学版）》2019 年第 1 期。

方朝晖：《知识、道德与传统儒学的现代方向》，《中国社会科学》2005 年第 3 期。

方朝晖：《中国古代有伦理学吗？》，《清华大学学报》2009 年第 1 期。

付长珍：《论德性自证：问题与进路》，《华东师范大学学报（哲学社会科学版）》2016 年第 3 期。

付长珍：《此心"安"处：论儒家情感伦理学的奠基》，《文史哲》2021 年第 6 期。

付长珍：《未完成的"谋划"——百年中国伦理学知识体系的现代转型》，《求是学刊》2021 年第 5 期。

甘绍平：《论两种道德思维模式》，《社会科学文摘》2017 年第 1 期。

高兆明：《伦理学与话语体系》，《华东师范大学学报（哲学社会科学版）》2018 年第 1 期。

郭齐勇：《中国哲学：问题、特质与方法论》，《中国哲学史》2018 年第 1 期。

郭沂：《中国哲学的元问题、组成部分与基本结构》，《哲学研究》2023 年第 1 期。

何怀宏、戴兆国：《当代伦理学知识体系的转换与发明——如何构建具有问题意识和方法论特点的伦理学对话》，《求是学刊》2021 年第 5 期。

胡伟希：《第三种道德——人文性道德何以可能？》，《复旦学报（社会科学版）》2009 年第 3 期。

黄勇：《走向一种良性的道德相对论》，《社会科学》2014 年第 1 期。

黄玉顺：《中国哲学的情感进路——从李泽厚"情本论"谈起》，《国际儒学》（中英文）2023 年第 1 期。

江畅：《中国伦理学现代转换的百年历史审思》，《社会科学战线》2021 年第 2 期。

焦国成：《论伦理——伦理概念与伦理学》，《江西师范大学学报》2011 年第 1 期。

李建华：《当代中国伦理学构建的人学维度》，《华东师范大学学报（哲学社会科学版）》2019 年第 1 期。

李建华：《中国特色社会主义伦理学：理论命题、发展逻辑与建设路径》，《求索》2018 年第 6 期。

李明辉：《公德、私德之分与儒家传统》，《现代儒学》2022 年第 1 期。

李培超：《〈神圣家族〉的伦理思想探析》，《伦理学研究》2012 年第 6 期。

李萍：《中国伦理学的危机与生机》，《江海学刊》2020 年第 4 期。

李义天：《德性思想史的视角、对象与基础》，《伦理学研究》2018 年第 4 期。

刘梁剑：《牟宗三"道德的形上学"检视》，《中国儒学（第十八辑）》，中国社会科学出版社，2002 年。

刘梁剑：《人性论能否为美德伦理奠基？》，《华东师范大学学报（哲学社会科学版）》2011 年第 5 期。

刘悦笛：《道德的形上学与审美形而上学——牟宗三与李泽厚哲学比较研究》，《江西社会科学》2017 年第 11 期。

刘悦笛：《中国伦理的知行合一起点何处寻？——论"生生"伦理与哲学何以可能》，《华东师范大学学报（哲学社会科学版）》2021 年第 2 期。

潘德荣：《"德行"与诠释》，《中国社会科学》2017 年第 6 期。

任剑涛：《现代性伦理学与中国传统伦理言述的学科定位》，《开放时代》2002 年第
5 期。

斯洛特：《重启世界哲学的宣言：中国哲学的意义》，刘建芳、刘梁剑译，《学术月
刊》2015 年第 5 期。

孙春晨：《新中国 70 年马克思主义伦理思想研究》，《道德与文明》2019 年第 4 期。

唐文明：《打通中西马：李泽厚与有中国特色的社会主义道路》，《现代哲学》2011 年
第 2 期。

田海平：《"实践智慧"与智慧的实践》，《中国社会科学》2018 年第 3 期。

万俊人：《当代伦理学前沿检视》，《哲学动态》2014 年第 2 期。

万俊人：《论中国伦理学之重建》，《北京大学学报（哲学社会科学版）》1990 年第
1 期。

肖群忠：《李泽厚道德观述论》，《社会科学战线》2012 年第 10 期。

薛富兴：《新康德主义：李泽厚主体性实践哲学要素分析》，《哲学动态》2002 年第
6 期。

晏辉：《伦理学把握生活世界的三种方式》，《求是学刊》2010 年第 4 期。

余纪元：《追寻苏格拉底与孔子：自我、德性与灵魂》，《哲学动态》2022 年第 2 期。

郁振华：《论道德—形上学的能力之知：基于赖尔与王阳明的探讨》，《中国社会科
学》2014 年第 12 期。

赵法生：《情理、心性和理性——论先秦儒家道德理性的形成与特色》，《道德与文
明》2020 年第 1 期。

赵修义：《伦理学就是道德科学吗》，《华东师范大学学报（哲学社会科学版）》2018
年第 6 期。

郑开：《德与 Virtue——跨语际、跨文化的伦理学范式比较研究》，《伦理学术》2020
年第 2 期。

郑永年、杨丽君：《中国文明的复兴和知识重建》，《文史哲》2019 年第 1 期。

朱贻庭：《"伦理"与"道德"之辨——关于"再写中国伦理学"的一点思考》，《华

东师范大学学报（哲学社会科学版）》2018年第1期。

## （4）译著

《马克思恩格斯全集》，中共中央马克思恩格斯列宁斯大林著作编译局译，人民出版社，1995年。

［德］黑格尔：《精神现象学》，贺麟、王玖兴译，商务印书馆，1981年。

［德］康德：《康德著作全集》，李秋零主编，中国人民大学出版社，2010年。

［德］康德：《历史理性批判文集》，何兆武译，商务印书馆，1990年。

［德］罗哲海：《轴心时期的儒家伦理》，陈咏明等译，大象出版社，2009年。

［古希腊］亚里士多德：《亚里士多德全集》，苗力田主编，中国人民大学出版社，2016年。

［法］毕游塞：《通过儒家现代性而思——牟宗三道德形上学研究》，白欲晓译，江苏人民出版社，2022年。

［加］泰勒：《现代性的隐忧》，程炼译，中央编译出版社，2001年。

［美］艾伦·伍德：《黑格尔的伦理思想》，黄涛译，知识产权出版社，2016年。

［美］艾伦·伍德：《康德的伦理思想》，黄涛译，商务印书馆，2023年。

［美］安靖如：《当代儒家政治哲学》，韩华译，江西人民出版社，2015年。

［美］安靖如：《圣境：宋明理学的当代意义》，吴万伟译，中国社会科学出版社，2017年。

［美］安乐哲：《孔子与杜威：跨时空的镜鉴》，姜妮伶译，上海人民出版社，2020年。

［美］黄勇：《为什么要有道德：二程道德哲学的当代启示》，崔雅琴译，东方出版中心，2021年。

［美］金鹏程：《孔子之后：中国古代哲学研究》，陈家宁译，大象出版社，2019年。

［美］卡林内斯库：《现代性的五副面孔》，顾爱彬、李瑞华译，商务印书馆，

2002 年。

［美］克里斯提娜·M·科斯嘉德：《自我构成：行动性、同一性与完整性》，吴向东译，中国人民大学出版社，2023 年。

［美］刘纪璐：《宋明理学：形而上学、心灵与道德》，江求流译，西北大学出版社，2021 年。

［美］麦金泰尔：《伦理学简史》，龚群译，商务印书馆，2003 年。

［美］倪培民：《儒家功夫哲学》，温仁百译，商务印书馆，2022 年。

［美］森舸澜：《无为：早期中国的概念隐喻与精神理想》，史国强译，东方出版中心，2020 年。

［美］万百安：《早期中国哲学中的美德伦理与后果主义》，赵卫国译，西北大学出版社，2022 年。

［美］约翰·伯瑞：《进步的观念》，范祥涛译，上海三联书店，2005 年。

［新西兰］赫斯特豪斯：《美德伦理学》，李义天译，译林出版社，2016 年。

［英］C. D. 布劳德：《五种伦理学理论》，田永胜译，中国社会科学出版社，2002 年。

［英］安东尼·吉登斯：《现代性的后果》，田禾译，译林出版社，2007 年。

［英］B. 威廉斯：《伦理学与哲学的限度》，陈嘉映译，商务印书馆，2017 年。

［英］德里克·帕菲特：《论重要之事》，阮航、葛四友译，中国人民大学出版社，2022 年。

［英］吉登斯：《现代性与自我认同》，赵旭东、方文译，生活·读书·新知三联书店，1998 年。

［英］麦笛：《竹上之思：早期中国的文本及其意义生成》，刘倩译，中华书局（香港），2021 年。

［英］麦金泰尔：《现代性冲突中的伦理学：论欲望、实践推理和叙事》，李茂森译，中国人民大学出版社，2021 年。

中国人民大学国际中国哲学与比较哲学研究中心译：《康德与中国哲学智慧》，中国人民大学出版社，2009 年。

## (5) 英文著作

Adams, Robert Merrihew. *A Theory of Virtue*, New York: Oxford University Press, 2006.

Adams, Robert Merrihew. *Finite and Infinite Goods*. New York: Oxford University Press, 1999.

Allen, Barry. *Vanishing Into Things: Knowledge in Chinese Tradition*. Cambridge: Harvard University Press, 2015.

Angle, Stephen and Michael Slote (eds). *Virtue Ethics and Confucianism*. New York: Routledge, 2013.

Billioud, Sébastien. *Thinking Through Confucian Modernity: A Study of Mou Zongsan's Moral Metaphysics*. Boston: Brill, 2011.

Brandt, Richard. *Ethical Theory: The Problems of Normative and Critical Ethics*. Englewood Cliffs: Prentice-Hall, 1959.

Chan, N. Serina. *The Thought of Mou Zongsan*. Liverpool: Brill, 2011.

Chappell, T. *Values and Virtues*. Oxford: Oxford University Press, 2006.

Clarke, Stanley G and Evan Simpson. *Anti-theory in Ethics and Moral Conservatism. Albany*: State University of New York Press, 1989.

Copp, David, Morality. *Normativity, and Society*. New York: Oxford University Press, 1995.

Crisp, Roger (ed.). *How Should One Live?*. Oxford: Clarendon Press, 1996.

Crisp, Roger and Michael Slote (eds.). *Virtue Ethics*. Oxford: Oxford University Press, 1997.

Daniel, Statman. Introduction to Virtue Ethics. in Danicl Statman (ed.), *Virtue Ethics*. Edinburgh: Edinburgh University Press, 1997.

Flanagan, Owen and Amelie. O. Rorty. *Identity, Character and Morality: Essays in Moral Psychology*. Cambridge, Mass.: MIT Press, 1990.

Frankena, William. *Thinking about Morality*. Ann Arbor: University of Michigan Press, 1980.

Gibson, Kevin. *An introduction to ethics*. Pearson Education, Inc, 2014.

Grimi, Elisa. *Virtue Ethics: Retrospect and Prospect*. Springer International Publishing, 2019.

Habermas, Jurgen. *Justification and Application*. Polity Press, 1993.

Habermas, Jurgen. *Moral Consciousness and Communication Action*. Cambridge: MIT Press, 1990.

Hacker-Wright, John. *Practical Wisdom, Extended Rationality, and Human Agency*. Philosophies, 2023.

Harris, Thorian. "Moral Perfection as the Counterfeit of Virtue". in *Dao*, 2023.

Hudson, Stephen. *Human Character and Morality*. Boston: Routledge & Kegan Paul, 1986.

Hursthouse, Rosalind. "Normative Virtue Ethics". in Roger Crisp (ed.), *How Should One Live? Essays on the Virtues*. Oxford: Oxford University Press, 1996.

Hursthouse, Rosalind. *On Virtue Ethics*. Oxford: Oxford University Press, 2001.

Hursthouse, Rosalind. *Virtue Ethics and the Emotions*. Washington D. C: Georgetown University Press, 1997.

Irwin, T. *The Development of Ethics*. Oxford: Oxford University Press, 2007.

Ivanhoe, Philip J.. *Confucian Moral Self Cultivation*. Indianapolis: Hackett, 2000.

Konch, Manik. Kant and Anscombe: Two Contrasting Views on Aristotle's "Virtue". *Philosophia*, 2022.

Kraut, Richard. *Aristotle on the Human Good*. Princeton: Princeton University Press, 1989.

LeBar, Mark. *The Value of Living Well*. New York: Oxford University Press, 2013.

MacIntyre, Alasdair. *After Virtue*. London: Duckworth, 1985.

Marshall, Colin (ed.). *Comparative Metaethics: Neglected Perspectives on the*

*Foundations of Morality*. Routledge, 2020.

Mason, A. "MacIntyre on Modernity and How It Has Marginalized the Virtues". in R. Crisp (ed.), *How Should One Live?*. Oxford: Clarendon Press, 1996.

Ng, Kai-chiu, Huang, Yong. *Dao Companion to Zhu Xi's Philosophy*. Cham: Springer, 2020.

Porter, Jean. "Tradition in Recent Work of Alasdair MacIntyre". in Mark Murphy (ed.), *Alasdair MacIntyre*. Cambridge University Press, 2003.

Putnam, Hilary. *Ethics without ontology*. Harvard University Press, 2005.

Rošker, Jana. *The Rebirth of the Moral Self: The Second Generation of Modern Confucians and their Modernization Discourses*. Hong Kong: Chinese University Press, 2016.

Roth, John K. *International Encyclopedia of Ethics*. London: Fitzroy Dearborn Publishers, 1995.

Russell, Daniel. "From Personality to Character to Virtue". in M. Alfano (ed.), *Current Controversies in Virtue Theory*. New York: Routledge, 2015.

Russell, Daniel. *Practical Intelligence and the Virtues*. New York: Oxford University Press, 2009.

Sandel, Michael. *Liberalism And the Limit of Justice*. Cambridge University Press, 1998.

Schuh, Guy. "Why Does Confucius Think that Virtue Is Good for Oneself?". in *Dao*, 2023.

Setiya, Kieran. *Reasons without Rationalism*. Princeton University Press, 2007.

Slote, Michael. *From Enlightenment to Receptivity: Rethinking Our Values*. New York: Oxford University Press, 2013.

Slote, Michael. *Moral Sentimentalism*. New York: Oxford University Press, 2010.

Slote, Michael. *The Ethics of Care and Empathy*. Routledge: London and New York, 2007.

Solomon, David. "*MacIntyre and Contemporary Moral Philosopy*". in Mark

Murphy (ed.) Alasdair MacIntyre. Cambridge University Press, 2003.

Williams, Bernard. *Morality: An Introduction to Ethics*. Cambridge: Cambridge University Press, 1972.

Xinzhong, Yao (ed.). *Reconceptualizing Confucian Philosophy in the 21st Century*, Higher Education Press, 2017.

# (6) 英文论文

Annas, Julia. Applying Virtue to Ethics. *Journal of Applied Philosophy*, 2015, 32 (1).

Annas, Julia. Ancient Ethics and Modern Morality. *Philosophical Perspectives*, 1992, 6.

Anscombe, G. E. M. Modern Moral Philosophy. *Philosophy*, 1958, 33 (124).

Blum, Lawrence. Moral Perception and Particularity. *Ethics*, 1991, 101 (4).

Cooper, Neil. Two Concepts of Morality. *Philosophy*, 1966, 41 (155).

Cline, Brendan. Moral Explanations: Thick and Thin. *Journal of Ethics and Social Philosophy*, 2015, 9 (2).

Copp, David and David Sobel. Morality and Virtue: An Assessment Some Recent Work in Virtue Ethics. *Ethics*, 2004, 144 (3).

Cottingham John. Religion, Virtue and Ethical Culture. *Philosophy*, 1994, 69 (268).

Doris, John M. Persons, Situations and Virtue Ethics. *Noûs*, 1998, 32 (4).

Elstein, Daniel Y and Thomas Hurka. From Thick to Thin: Two Moral Reduction Plans. *Canadian Journal of Philosophy*, 2009, 39 (4).

Kamtekar, Rachana. Situationism and Virtue Ethics on the Content of Our Character. *Ethics*, 2004, 114 (3).

Mason, Joshua. Confucius as an Exemplar of Intellectual Humility. *The Journal of Value Inquiry*, 2023, 57 (1).

# 后 记

　　人类文明正面临前所未有之大变局。在多元化的世界格局中，构建中国风格、中国气派的伦理学知识体系和话语体系，既需要更新既有的研究范式和书写方式，又离不开伦理学史和伦理学理论的双轮驱动。近年来，笔者尝试探索"做中国伦理学"的可能方案，主要从三个向度来反思中国现代性伦理话语，即历史考察、理论建构和方法论自觉，努力做到史思结合，史论相契，着力阐发伦理学知识体系建构的"厚概念"进路。清晰的、厚实的、温暖的当代中国伦理学，才是一幅更值得期许的伦理学知识图景，才是中国伦理学对人类文明和世界哲学的更大贡献。

　　本项研究曾获得上海市浦江人才计划、上海市社会科学创新基地"核心价值与文化观念"、国家社科基金项目"中国现代伦理话语建构路向研究"（项目编号：18BZX106）等多个项目支持。若干章节曾在相关学术期刊上发表，其中凝结着编辑老师的智慧辛劳。本书的部分内容曾在华东师大哲学系博士课程研讨班上讲授，同学们的提问交流促使我不断深化对相关问题的思索。郦平教授、王振钰副教授、崔中良副教授、李佳琦博士后、王成峰博士和在读博士丁洪然、王九洲等许多同学都曾给予我多方面的协助，师生之情令人感怀，更催人奋进。

一路走来，感谢家人的默默奉献和师友的鼓励支持，尤其要感谢华东师范大学出版社项目部朱华华主任的精心付出，专业敬业之风，让我感佩不已，受益良多。

书山有路勤为径，学海无涯乐作舟。岁月不改青衿之志，心有繁星，沐光而行！

付长珍

2023 年 5 月